Nicole Lützenkirchen | Franziska Weyer

111 Dinge über Hunde, die man wissen muss

111

emons:

Bibliografische Information der Deutschen Nationalbibliothek
Die Deutsche Nationalbibliothek verzeichnet diese Publikation
in der Deutschen Nationalbibliografie; detaillierte bibliografische
Daten sind im Internet über http://dnb.d-nb.de abrufbar.

© Emons Verlag GmbH
Alle Rechte vorbehalten
© der Fotografien: Nicole Lützenkirchen und Franziska Weyer, außer:
Kapitel 3, 7, 49: © Thomas Nico Meuter; Kapitel 18: © Susanne Göhre;
Kapitel 20: shutterstock.com/alterfalter; Kapitel 54: shutterstock.com/llaszlo;
Kapitel 55: © Ursula Heinelt; Kapitel 64: pixabay.de/fotoerich;
Kapitel 70: shutterstock.com/NagyDodo;
Kapitel 108: shutterstock.com/Eric Isselee
© Covermotiv: Inga Haase, Flainfotografie
Gestaltung: Eva Kraskes, nach einem
Konzept von Lübbeke | Naumann | Thoben
Druck und Bindung: CPI – Clausen & Bosse, Leck
Printed in Germany 2023
ISBN 978-3-7408-1711-4

Unser Newsletter informiert Sie
regelmäßig über Neues von emons:
Kostenlos bestellen unter
www.emons-verlag.de

Vorwort

Hunde sind die ältesten Haustiere der Menschen. Sie werden seit weit über 30.000 Jahren domestiziert, um uns treue Weggefährten zu sein, Seelentröster, Freizeitpartner, Therapeuten und Beschützer, aber auch, um als Diensthunde, Assistenzhunde, Jagdhunde, Hütehunde, Schutz- und Wachhunde oder Spür- und Suchhunde wichtige und manchmal lebensrettende Aufgaben für uns zu erfüllen.

Im Gegensatz zu Katzen sind Hunde Rudeltiere und verfügen daher über eine stark ausgeprägte soziale Ader. Sie schließen sich uns Menschen meist gerne an, kommunizieren mit uns, spiegeln uns, imitieren uns manchmal sogar. Sie sind nicht nur »des Menschen bester Freund«, viele von uns können sich ein Leben ohne Hund gar nicht vorstellen. Über 10 Millionen Hunde sind in Deutschland registriert, in gut jedem 20. Haushalt lebt der Statistik nach also mindestens einer, womit Hunde hinter Katzen auf dem zweiten Platz der deutschen Lieblingshaustiere rangieren. Bei fast der Hälfte handelt es sich um Mischlinge, dabei gibt es weltweit mehr als 1.000 anerkannte Hunderassen, die sich auf den verschiedenen Kontinenten oft perfekt an die jeweils vorherrschenden Gegebenheiten und an die unterschiedlichen Bedürfnisse der Menschen angepasst haben – teilweise aber auch nach unseren Schönheitsidealen und modischen Vorstellungen gezüchtet wurden.

In 111 Geschichten möchten wir hier Einblicke in das Verhalten, die Biologie und die Zucht unserer Haushunde bieten, Tipps und Tricks fürs Zusammenleben liefern, spannendes, kurioses und nützliches Wissen vermitteln, Einblicke in den Alltag mit Hunden gewähren und vor allem ganz viel Begeisterung für das so bereichernde Miteinander von Hund und Mensch wecken.

111 Dinge

1 Adoptieren oder vom Züchter?

Damit Hund und Mensch zueinanderfinden

Wohl kaum ein anderes Thema wird derart emotional und hitzig diskutiert, daher werden hier lediglich ein paar Pros und Contras aufgelistet, ohne Partei für einen bestimmten Standpunkt zu ergreifen.

Bevor man sich einen Hund anschafft, sollte man sich über folgende Aspekte Gedanken machen: Größe, Geschlecht, Welpe oder ausgewachsen, gewünschte Eigenschaften und Merkmale und was man mit dem Hund machen will. Möchte ich mit ihm einen Sport ausüben, lange Wanderungen unternehmen, soll der Hund familientauglich sein oder sich tagsüber ruhig am Arbeitsplatz verhalten? Wie viel Zeit und wie viel Hundeerfahrung habe ich?

Sucht man zum Kauf einen seriösen Züchter auf, hat man vermutlich schon bestimmte Vorstellungen von der späteren Eignung des Hundes, von gewünschten Merkmalen und Charaktereigenschaften. Erfahrene Züchter geben ihre Tiere nur an Personen ab, die den Besonderheiten der jeweiligen Rasse gerecht werden können. Allerdings sollte man sich im Klaren sein, dass Welpen viel Arbeit machen und von einem in den Zuchtverbänden des VDH gelisteten Züchter auch einen stolzen Preis haben können.

Einen Hund aus dem Tierschutz aufzunehmen, bedeutet vor allem, einem unter ungünstigen Umständen lebenden Hund ein liebevolles Zuhause zu geben. In Tierheimen und auf Pflegestellen werden ausgewachsene, häufig schon ältere Hunde vermittelt, was je nach Lebensumständen durchaus ein Vorteil sein kann. Ist der Hund schon länger in der Vermittlung, sind den Pflegern bereits seine Charaktereigenschaften und Besonderheiten bekannt, mit denen man sich vorab vertraut machen kann. Diese Hunde werden normalerweise gegen eine Schutzgebühr abgegeben. Auch hier sollte man darauf achten, dass seriöse Tierschutzvereine im Deutschen Tierschutzbund e.V. organisiert sind, um illegalen Hundehändlern keinen Vorschub zu leisten.

Augen auf beim Hundekauf
Um dem illegalen Welpen- und Hundehandel Einhalt zu gebieten, sollte man sich beim Kauf nicht vom Mitleid lenken lassen, denn jeder vermittelte oder verkaufte Hund aus einer dubiosen Zucht fördert die weitere Produktion von Hunden unter widrigen Umständen.

2 Agility

Hundesport, der auch die Menschen bewegt

Ins Deutsche übersetzt kann Agility Agilität, Wendigkeit, Flinkheit, aber auch Aufgewecktheit und Gelenkigkeit bedeuten, und genau darum geht es in der ursprünglich britischen Hundesportart, die sich bei uns längst in Hundeschulen und in der Turnierszene etabliert hat. Agil und geschwind sollen die Hunde nämlich auf das Kommando ihres Menschen einen Parcours mit verschiedenen Geräten und Hindernissen überwinden, zu denen Laufsteg, Wippe, Slalom, feste und weiche Tunnel, Reifen, Schrägwände, Hoch- und Weitsprünge gehören. Beim Wettkampf müssen die Menschen ihren Hunden zwar mit Körpersprache und Kommandos den Weg zeigen, dürfen aber die Hindernisse selbst nicht berühren. Bei beiden sind daher Koordination, Konzentration und schnelle Reaktion gefragt, zumal jeder Parcours anders ist.

Grundsätzlich eignet sich dieser Sport für Hunde aller Größen, Altersstufen und Rassen, allerdings sollten sie bereits ausgewachsen, nicht zu schwer und natürlich fit, arbeitswillig und leicht zu motivieren sein. Außerdem müssen sie über einen gewissen Grundgehorsam verfügen. Im Wettkampf werden dann entsprechend der Widerristhöhe der Hunde Parcours in small, medium und large aufgebaut und die Teilnehmer – je nach Leistungsstand – in drei unterschiedlich schwere Klassen eingeteilt. Wie beim Pferdespringen geht der Mensch zunächst den von einem Richter entworfenen und aus bis zu 22 Hindernissen bestehenden Parcours ab und prägt sich den Ablauf, die zwei Richtungswechsel und die Distanzen ein. Auch für Hundeführer mit Handicaps gibt es mittlerweile eigene, an die Behinderung angepasste Prüfungen, bei denen die Strecke zum Beispiel genug Platz für einen Rollstuhl bietet.

Doch Agility ist längst nicht nur Sport, sondern auch eine sinnvolle Freizeitbeschäftigung, um seinen Hund geistig und körperlich auszulasten, um Spaß miteinander zu haben und ein perfektes Team zu werden.

Jumping und Hoopers
sind der Agility untergeordnete Sportarten. Beim Jumping muss ein praktisch nur aus Hoch- und Weitsprüngen bestehender Parcours absolviert werden, bei Hoopers ein aus *hoops* (Reifen, Tunnel, Tonnen, Tore) aufgebauter Geräteparcours.

3 Allein bleiben

Wenn der Haustürschlüssel zum Alarmsignal wird

Für viele Hunde ist es überhaupt kein Thema, wenn wir uns für ein paar Stunden verabschieden und einfach mal Menschendinge tun. Da wird die Couch geentert, noch schnell eine Socke aus dem Wäschekorb organisiert oder es wird sich bequem gemacht und einfach tief und fest geschlafen. Die meisten Hund lernen, ohne Stress allein zu Hause zu bleiben. Dennoch entwickeln manche Trennungsängste, bellen und jaulen, wenn ihr Mensch die Wohnung verlässt, oder zerstören sogar die Einrichtung. Unsere Hunde sind hochsoziale Lebewesen, für die ein Zusammenleben in der Gruppe Sicherheit und Geborgenheit bedeutet, und so kann es vorkommen, dass die Trennung von ihrem Sozialpartner in Stress ausartet.

Es gibt zwei Arten der Angst, die ein Hund bei Trennung von seinem Menschen oder Sozialpartner empfinden kann. Einmal die Trennungsangst, die Angst davor, von bestimmten Personen oder auch dem anderen Hund in der Familie verlassen zu werden. Zum anderen spricht man von der Isolationsangst, die Angst davor, allein zu bleiben. Bei beiden Arten der Angst empfindet der Hund Stress, der sich durch Bellen, Jaulen oder das Zerstören von Gegenständen entlädt. Manche Hunde leiden aber auch leise. Dort sind es die kleinen Anzeichen, die uns über ihre Befindlichkeit Auskunft geben.

Übung macht aber auch hier den Meister. Deshalb ist es wichtig, den jungen Hund Stück für Stück daran zu gewöhnen, dass wir auch mal den Raum wechseln, ohne dass er uns hinterherlaufen muss, hier und da mal eine Tür hinter uns schließen, um kurze Zeit später wieder da zu sein. Alles ruhig und entspannt, ohne viel Aufsehen darum zu machen. Hilfreich dabei kann ein klar definierter Ruheplatz sein. Ein Hundekissen, eine Decke oder die Hundebox, die durch gemeinsames Knuddeln, eine Kaustange oder Spieleinheiten zu einer positiven Zone wird, in der man entspannen kann und sich wohlfühlt.

Don't leave me alone

Mittlerweile gibt es einige Hundeschulen, die sich genau auf dieses Thema spezialisiert haben, da das »allein bleiben« während der Coronapandemie oft nicht trainiert werden konnte.

4 Der alte Hund

Von Best Agern und rüstigen Senioren

Die durchschnittliche Lebenserwartung von Hunden liegt bei 11 Jahren. Bei genauerer Betrachtung zeigt sich: Große Hunde wie Doggen oder Bernhardiner erreichen dieses Alter selten. Kleine Hunde dagegen können leicht 15 bis 20 Jahre alt werden. Statistiken werden regelmäßig von Terrierarten, Dackeln und Pudeln angeführt. Spitzenreiterin war mit 30 Lebensjahren eine Australian-Kelpie-Hündin, die 2015 den damaligen Rekord von 29 Jahren gebrochen hat.

Mit dem Eintritt ins Seniorenalter verändern sich das Verhalten und die Bedürfnisse des Hundes. Verlangsamt sich der Stoffwechsel, sollte zum Beispiel die Ernährung angepasst werden. Manche Hunde leiden im Alter unter Diabetes oder Zahnproblemen, daher können Menge und Wahl des Futters erheblich zum Wohlbefinden und zur Gesunderhaltung beitragen. Hat der Hund eine graue Schnauze bekommen und trödelt auf langen Wanderungen plötzlich hinterher, sollte man Tempo und Länge der Spaziergänge anpassen, dafür aber öfter mal kurz vor die Tür gehen, denn neben nachlassendem Seh- und Hörvermögen wird auch die Blase im Alter schwächer. Kann der Hundeopi gar nicht mehr einhalten, sollte er vom Tierarzt durchgecheckt und auf Diabetes, Blasenentzündung und CDS (Kognitives Dysfunktionssyndrom beziehungsweise Demenz) untersucht werden.

Das Altern ist auch bei Hunden ein schleichender Prozess, der jedoch seine ganz eigenen Qualitäten hat, wenn man sich darauf einlässt, einfach mal gemeinsam innezuhalten. Alte Hunde müssen nicht mehr erzogen werden, dafür brauchen sie oft eine Streicheleinheit mehr, möchten warm gehalten werden, fordern Körperkontakt und zeigen besonders viel Vertrauen, wenn sie spüren, dass ihnen der Mensch die schwindenden Augen, Ohren und den Orientierungssinn ersetzt. Etablierte Routinen, die Vermeidung potenzieller Stolperfallen, durch Gitter gesicherte Treppen und Umsicht sind das A und O für einen schönen Hundelebensabend.

Geistig fit bis ins hohe Alter
Neben angepasstem körperlichen Fitnesstraining sollten Hundesenioren auch geistig weiterhin gefordert werden, zum Beispiel mit Nasenarbeit (Leckerlis suchen), Intelligenzspielen und Apportieren.

5___An die Leine

Abschleppseil oder Quality Time?

Ein Pfiff, der Hund kommt auf direktem Weg zu uns zurück und lässt sich gerne an die Leine nehmen. Schön wäre es! Im Alltag sieht es ganz oft anders aus. Riecht es nur danach, an die Leine genommen zu werden, so hat Hund auf einmal eine Menge Dinge zu tun, bevor er sich auf den Weg zu uns zurück macht. Hier noch schnell schnüffeln, da noch eben eine Duftmarke hinterlassen und eventuell noch einen Bogen laufen, bis er dann endlich nach einer gefühlten Ewigkeit bei uns angekommen ist.

Als Halter schwillt einem dann schon mal der Kamm ob der Umwege, die der Hund auf seinem Rückweg macht. »Na, das hat ja mal wieder gedauert«, brummeln wir in unseren Bart, packen in das Halsband, klicken umständlich den Karabiner fest und halten die Leine meist unbeabsichtigt stramm, damit Hund nicht auch noch mal schnell mit Leine dran was zu tun hat. Der Hund fühlt sich in seiner Vermutung bestätigt. Wusste er es doch. Schlechte Laune, ruckeln am Halsband und dann noch abgeschleppt werden. Vorbei ist es mit dem Spaß! Vielleicht sollte er das nächste Mal, bevor er zurückkommt, die Zeit noch etwas mehr ausdehnen.

Dabei kann die Leine durchaus etwas Positives für unsere Hunde darstellen. Sie kann Sicherheit vermitteln, da der Mensch nun die Verantwortung übernimmt und den Hund sicher durch den Alltag führt und Unannehmlichkeiten für ihn vermeidet. Durch die Länge der Leine wird ein klarer Bewegungsraum definiert. Und sie kann Zeit mit seinem Menschen bedeuten, in der man etwas miteinander unternimmt, das Spaß macht, Nähe zueinander bietet und gemeinsame Aktionen startet.

Drei Dinge, die man im Hinblick auf die Leine ab und zu für sich und seinen Hund reflektieren sollte, sind das Miteinander beim Anleinen, die Frage, wie setze ich die Leine ein, ist sie eher Abschleppseil oder orientiert sich mein Hund an mir und bedeutet das Ableinen direkt das große Halali.

Eine einfache Absprache

Schaut der Hund mich an, bin ich immer freundlich gestimmt, und es gibt ein positives Feedback. Sehe ich sein hübsches Hinterteil, obwohl ich ihn um Aufmerksamkeit gebeten habe, rutscht meine Stimmung etwas in den Keller.

6 Anzeigeverhalten

Wie Spürnasen ihren Fund vermelden

Arbeiten Jäger, Mantrailer, Diensthundeführer oder Rettungshunde-führer mit ihren Spürhunden, müssen sie an der Körperhaltung oder am Ausdruck des Hundes erkennen können, ob dieser fündig gewor-den ist. In manchen Fällen ist es aber wichtig – zum Beispiel für die erfolgreiche Jagd, für die Sicherheit des Hundes bei der Sprengstoff-suche oder beim Zugriff auf Schmuggler beim Zoll –, dass der Hund dabei nur mit seiner Bezugsperson kommuniziert.

Einigen Jagdhunderassen ist das Anzeigen von potenzieller Beute sogar angeboren. Nehmen Vorstehhunde in einiger Entfernung Wild wahr, zeigen sie dies lautlos und nur durch Vorstehen an, indem sie mit angewinkeltem Vorderlauf auf der Stelle verharren und damit auf die Richtung und manchmal sogar auf die Entfernung zur Geruchs-quelle verweisen. Einige Vorstehhunde legen sich zum Anzeigen des Wilds auch nieder oder verweisen nur durch ihre angespannte Kör-perhaltung und die Richtung ihrer Nasenspitze auf das Wild. Bei allen anderen Gebrauchshunden unterscheidet man ein aktives und passives Anzeigeverhalten.

Spürhunde werden entweder auf einen bestimmten Geruch ge-prägt (zum Beispiel Drogen) oder sie erhalten beim Mantrailing eine Geruchsprobe zum Schnüffeln, um dann dieser Geruchsspur zu folgen. In beiden Fällen wird der Hund darauf trainiert, anzu-zeigen, wenn er fündig geworden ist. Bellt er am Fundort, stupst die Zielperson an oder nimmt seinen Fund gar ins Maul, zeigt er seinem Menschen den Erfolg seiner Suche aktiv an. Für das pas-sive Anzeigeverhalten lernen die Hunde, einen spezifischen Ge-ruch nur durch Fixieren mit Augen und Nase anzuzeigen oder vor der Zielperson oder dem Zielobjekt einfach Platz zu machen. Auf diese Weise bringen Sprengstoffsuchhunde sich und ihren Hun-deführer nicht selbst in Gefahr, und verdächtige Personen – wie Hehler oder Drogendealer – werden nicht unnötig vorgewarnt und zur Flucht animiert.

Scent Detection
hat sich mittlerweile sogar zum Freizeithundesport etabliert. Viele Trainer und Hundeschulen bieten Kurse an, um Geruchsdifferenzierung und Anzeigeverhalten zu trainieren.

7 Artübergreifende Kommunikation

Warum versteht er mich einfach nicht?

Bei uns Menschen findet die Kommunikation überwiegend über unsere Sprache statt. Unsere Wörter haben einen bestimmten Inhalt, und so können wir Sachverhalte und Befindlichkeiten miteinander teilen. Bei unseren Hunden sind es in der sozialen Interaktion 70 bis 80 Prozent Körpersignale, über die sie miteinander und ihrer Umwelt kommunizieren. Da sie sehr präzise sind in ihrer Körpersprache, werden Signale ihres Körpers oft falsch interpretiert oder sogar von uns übersehen. Besonders bei Angst, Stress und Drohsignalen dauert es mit der Übersetzung oft bei uns etwas länger, und so können schnell unangenehme Situationen für beide Seiten entstehen. Worauf sollten wir bei der Körpersprache unserer Hunde achten?

Der Hundekopf: Ein neugieriges Heben des Kopfes zeigt Interesse, ein Abwenden eher Deeskalation einer unangenehmen Situation. Er mag keinen Streit haben. Manch einer lässt den Kopf auch schon mal hängen.

Die Augen: Ein starrer, fixierender Blick mit zusammengezogenen Pupillen und Augenbrauen ist eine klare Ansage an das Gegenüber und eine deutliche Drohung. Bis hier hin und nicht weiter. Freundlich gestimmt ist der Hund mit offenem Blick und entspanntem Gesicht.

Die Schnauze: Gestresste Hunde ziehen ihre Lefzen nach hinten, ohne dass man die Zähne sieht, und die Maulspalte wirkt lang. Bewegen sich die Lefzen allerdings etwas nach oben und die 42 Argumente werden gezeigt, ist das deutlich als Drohung zu verstehen.

Die Ohren: Aufgestellte und nach vorne gerichtete Ohren zeigen Offenheit und Aufmerksamkeit an. Werden sie allerdings angelegt, signalisieren sie Angst oder Unterwerfung.

Die Rute: Die Schwingung macht's. Locker wedeln ist ein Zeichen für gute Laune. Ist sie aber steil in die Höhe gerichtet, zeugt sie von Aufmerksamkeit und Erregung. Eine eingezogene Rute heißt Angst.

Bodytalk

Der selbstbewusste Hund nimmt allein durch seine Körperhaltung den Raum ein, ohne dabei wie ein aufgeplusterter Gockel umherzustolzieren.

8_ Die Augen des Hundes

Eine andere Sicht auf die Dinge

Trotz ihres ausgeprägten Geruchssinns und ihres hervorragenden Gehörs nehmen Hunde ihre Umwelt sehr stark mit den Augen wahr. Außerdem treten sie mit uns und ihresgleichen in Augenkontakt, um zu kommunizieren. Im Unterschied zu uns Menschen sind sie jedoch rot/grün farbenblind, beziehungsweise sehen sie nur im blau-violetten und im gelb-grünen Bereich, was man zum Beispiel bei der Auswahl des Spielzeugs beachten sollte. Dafür können sich Hunde auf unterschiedliche Lichtverhältnisse einstellen, sehen auch im Dunkeln gut und haben dank der seitlichen Anordnung ihrer Augen ein sehr großes Gesichtsfeld. Sie nehmen also Dinge aus den Augenwinkeln wahr, die uns häufig entgehen.

Im Vergleich zu Menschen sind Hunde recht kurzsichtig und können auch nahe Objekte nicht gut fokussieren. Dafür erkennen sie hervorragend Kontraste, also hell/dunkel und bewegt/unbewegt. Deswegen sollte man sich bewegen, wenn man seinen Hund aus der Entfernung ruft. Da Hunde im Gegensatz zu uns im UV-Spektrum sehen können, erblicken sie auch Dinge, die für uns nur mit einer Schwarzlichtlampe sichtbar werden würden, und das führt manchmal dazu, dass sie quasi Gespenster sehen und Dinge anbellen, die uns harmlos erscheinen.

Der Hundeblick verrät zudem viel über die Stimmung des Tieres: Meidet der Hund Blickkontakt, ist er unsicher oder ängstlich, schaut er mit halb geöffneten Augen und verengten Pupillen starr geradeaus, ist dies eine eindeutige Drohgebärde. Und nicht zuletzt sorgen die beweglichen Augenbrauen, über die der Wolf nicht verfügt, für den sogenannten »Hundeblick«, auf den wir Menschen besonders stark reagieren und der uns auch bei der Wahl eines Hundes beeinflusst. Vermutlich hat sich der Muskel, der den medialen Rand der Augenbraue hebt, im Zuge der langen Domestizierung der Hunde entwickelt beziehungsweise ist wie andere Merkmale der Verniedlichung gezielt angezüchtet worden.

Der Dackelblick

Manche deuten ihn als schuldbewusst, doch vor allem lesen wir in ihm Treuherzig-
keit, Liebe und Anhänglichkeit, weil wir nur allzu gerne menschliche Emotionen auf
Tiere übertragen.

9 Augenaufschlag

Wie der Hund das Betteln am Tisch lernt

Ein erwartungsvoller Blick, ein schiefgelegter Kopf und die Stirn in nette Falten gelegt, blickt uns unser Hund von der Tischkante herüber an. Ein bisschen wedeln, ein leises Wuffen und schwups, da ist es auch schon im Hundemaul verschwunden, das kleine Stückchen Leberwurstbrot am Frühstückstisch. Verdammt, wie schaffen die das bloß immer wieder?

Wer hat dem Hund eigentlich das Betteln am Tisch beigebracht? Wenn man in der Familie fragt, war es wahrscheinlich niemand. Aber wie hat er es nun gelernt, wenn wir es ihm nicht gezeigt haben? Anscheinend wissen Hunde genau, was wir sehen wollen oder welches Verhalten sie zeigen müssen, um am Ende zum Erfolg zu kommen. Frei nach dem Motto: Learning by doing! Hunde sind da sehr erfinderisch. Sie testen sich Stückchen für Stückchen heran, was gut ankommt und was nicht.

Wenn der Hund ein Verhalten zeigt und seine Umwelt, sprich wir, darauf positiv reagiert, ist die Wahrscheinlichkeit sehr groß, dass er dieses Verhalten wieder zeigen wird. Zeigt er hingegen ein Verhalten, auf das wir nicht reagieren oder macht er dabei eine schlechte Erfahrung, ist die Wahrscheinlichkeit geringer, dass er dieses Verhalten wiederholen wird. Eine Frage von Ursache und Wirkung also.

Wenn das »nett Schauen und den Kopf Schieflegen« am Frühstückstisch also nicht das ersehnte Leberwurstbrotstückchen bringt, könnte Hund mal ein Fiepen oder ein Platz mit auf den Boden gelegtem Kopf anbieten. Mal schauen, was die Hand mit dem Brot dazu sagt. Hund ist da flexibel, Hauptsache das Ergebnis stimmt.

Nicht alles lässt sich jedoch in das Muster des Lernens am Erfolg einpassen. Mitunter gibt es auch Verhaltensweisen, die für den Hund selbstbelohnend sind, das Tun an sich macht ihm einfach Spaß, und er braucht hierzu kein Feedback von uns. Hierzu gehört zum Beispiel das Jagdverhalten.

Gute Taktik

Operante Konditionierung bringt auch uns immer weiter. Wir lernen am Erfolg und an unseren Misserfolgen. Ändern wir demnach ab und zu die Strategie, entwickeln wir unser Handeln weiter.

10__Beißhemmung

Sensibel werden mit dem Maul

Manch ein Welpenbesitzer sieht an Armen und Beinen aus, als wäre er gerade in kurzer Hose und T-Shirt durch ein Brombeerdickicht gerobbt. Da ist ein Loch im Hosenbein, und das Bündchen des Shirts hatte auch schon einmal eine bessere Form. Mit ihren nadelspitzen Zähnchen beißen die Welpen in alles hinein, was ihnen vor die Fänge kommt. Ähnlich wie kleine Kinder, die alles in den Mund nehmen, erfahren sie hierdurch ihre Umwelt, Beschaffenheit von Gegenständen und wie fest man etwas packen muss, um es zu halten.

Natürlich sind weder die Geschwister noch die Hundemutter davon begeistert, ständig den spitzen Beißerchen ausgesetzt zu sein. Ein zu arges Zupacken wird von ihnen mit einem Quietschen oder Abschnappen quittiert. Nach und nach lernen die Welpen so, ihre Zähne mit Vorsicht zu gebrauchen und setzen sie gehemmt ein. Für die klassische Verhaltensforschung ist die Beißhemmung ein angeborener Schutzmechanismus, um unnötige Verletzungen zu vermeiden, denn eine Verletzung bedeutet auch immer die Möglichkeit der eigenen Schwächung. Die Beißhemmung wird also im Familienverband früh geübt und verfeinert. Auch der Züchter sollte sein Augenmerk darauf haben und die Welpen auf ihre zukünftige Familie vorbereiten.

Unsere Menschenhaut ist sensibler als das Fell der Wurfgeschwister und der Mutterhündin. Auch hier muss der junge Hund lernen, was angemessen ist und was uns wehtut und unsere Haut sowie auch unsere Kleidung beschädigt. Manchmal tut man das »Herumknabbern« einfach als süß ab, aber es ist wichtig, zu kommunizieren, wo die Grenze ist, da dies den Hund für sein weiteres Leben im Umgang mit unserer Haut sensibel werden lässt.

Wir sollten es so ähnlich machen wie die Hundemutter. Ein Quietschen unsererseits lässt den kleinen Säbelzahntiger oftmals innehalten. »Oha, ist ja wie zu Hause!« oder eine Beendigung des Spiels lässt ihn das nächste Mal zumindest kurz nachdenken.

Pro Beißhemmung
Gerade im Welpenalter sind Quietschspielzeuge, auch wenn es noch so süß ausschaut, ungeeignet, da sie das Erlernen der Beißhemmung erschweren (siehe Kapitel 75).

11__Beliebteste Rassen
Von Hunden, die den Zeitgeist widerspiegeln

Glaubt man den Statistiken, standen 2022 in Deutschland Mischlinge, also Kreuzungen verschiedener Rassen, an der Spitze der Beliebtheitsskala, was vermutlich daran liegt, dass diese als besonders robust gelten.

Obwohl die FCI (Fédération Cynologique Internationale) als größter internationaler Hundezuchtverband über 350 Hunderassen auflistet, bleiben in Deutschland die Rassen auf den Plätzen zwei bis zehn recht konstant. Beim Tierregister Tasso e.V. ist 2022 der Labrador-Retriever die am zweithäufigsten registrierte Rasse, gefolgt vom Deutschen Schäferhund, der Französischen Bulldogge, dem Chihuahua, dem Australian Shepherd, dem Golden Retriever, dem Jack-Russell-Terrier, dem Yorkshire-Terrier und neu auf Platz 10 dem Malteser. Letzterer hat den Havaneser abgelöst, und auch Pudel, Boxer und Dackel scheinen ein klein wenig aus der Mode gekommen zu sein.

Warum ist das so? Viele Besitzer schmücken sich gerne mit ihrem Hund, eifern mit der Wahl ihres Haustiers ihren Lieblingsstars oder Influencern nach oder greifen mit einem Retriever oder Deutschen Schäferhund gerne auf Altbewährtes zurück. Auch die Darstellung von Hunden zum Beispiel in Filmen fördert den Hang zu bestimmten Rassen.

Entwickelt sich eine Rasse wie die Französische Bulldogge dank Trendsettern wie Lady Gaga plötzlich zum Modehund, können seriöse Züchter die gestiegene Nachfrage oft kaum noch befriedigen. Um unseriösen Vermehrern und Welpenhandel aus dem Kofferraum Einhalt zu gebieten, sollten Interessenten für eine bestimmte Hunderasse unbedingt geprüfte Zuchtstätten aufsuchen und gegebenenfalls auch Geduld mitbringen. Die FCI wird in Deutschland vom Verband für das Deutsche Hundewesen (VDH) vertreten, dem über 150 Rassehunde-Zuchtvereine angegliedert sind. Der VDH führt die Zuchtbücher der Mitgliedsvereine, legt die Zuchtbestimmungen fest und kontrolliert die Einhaltung der Anforderungen an die Zucht.

An der Spitze der Macht
Einer der bekanntesten Labrador-Retriever war sicherlich Buddy, der mit seinem Herrchen
Bill Clinton von 1997 bis 2002 im Weißen Haus wohnte.

12 __ Bellarien

Der Ton macht die Musik

Der eine Hund gibt kaum einen Laut von sich, der andere wiederum singt ganze Arien oder hat uns bellend eine Menge zu erzählen. Genauso wie bei uns Menschen gibt es den eher ruhigen Typ oder den mitteilsamen. Bellen ist auch oft ein Stein des Anstoßes in der Nachbarschaft. Den einen Nachbarn stört das Bellen, der andere freut sich, wenn so unliebsamer Besuch ferngehalten wird.

Bellen hat meistens etwas mit dem Erregungslevel des Hundes zu tun. Hunde bellen, weil sie Angst vor etwas haben, in einer Konfliktsituation stecken, unsicher sind, aggressiv dem Gegenüber auftreten, Frust empfinden oder beim Alleinbleiben voller Verzweiflung nach ihrem Sozialpartner rufen. Hunde möchten uns oder ihrem Artgenossen durch ihr Bellen etwas über ihren aktuellen Gemütszustand und ihre Befindlichkeiten mitteilen.

Hierbei macht der Ton die Musik. Bellen ist nicht gleich bellen. Bellt der Hund aus Frust, ist es ein gleich bleibendes und rhythmisches Bellen, das uns schon mal schnell an die Nerven gehen kann und uns bewegt, es ziemlich fix abstellen zu wollen. Bellt der Hund vor Trennungsstress, kommt noch ein Heulen und Winseln hinzu. Ein tiefes sonores Bellen warnt eher vor dem Betreten des Grundstücks oder vermittelt dem Gegenüber, nicht näher heranzutreten. Beziehen wir das Ausdrucksverhalten mit in unsere Beobachtung ein, können wir die Befindlichkeiten unseres Hundes noch besser einordnen.

Es gibt Rassen, die per se bellfreudiger sind als andere. Hierzu zählen unter anderem Schäferhunde, Terrier oder auch der Dackel. Dass sie mehr bellen als ihre Artgenossen, macht aus züchterischer Sicht durchaus Sinn, da sie zur Aufgabe haben, ein Grundstück zu bewachen, Wild vor sich herzutreiben oder als kleiner mutiger Dackel unter Tage einen Fuchs oder Dachs aus dem Bau hinauszuscheuchen. Da sollte man wissen, wie man seine Stimme am besten einsetzt.

Hier unvorstellbar

In den USA gab es 2017 ein Gerichtsurteil im Bundesstaat Oregon, bei dem ein Hundehalter dazu verpflichtet wurde, seinem Hund einen Teil der Stimmbänder zu entfernen, da sich die Nachbarn über das Gebell beschwert hatten.

13 Beschäftigung

Wie viel ist gut – Balance finden

Manch ein Tagesplan des ein oder anderen Hundes gleicht dem eines Grundschulkindes mit ambitionierten Eltern. Der Tag ist strukturiert und durchgeplant.

Was genau ist eigentlich Beschäftigung? Kann man das genau definieren?

Beschäftigung ist eine Tätigkeit, die wir – oder unsere Hunde – in der Freizeit ausüben. Aber können wir bei unseren Hunden Job und Freizeit überhaupt trennen?

Unsere Hunde begleiten uns meistens souverän durch den Alltag, setzen sich mit unserer Umwelt auseinander und passen sich den Gegebenheiten an. Wenn wir das als Job betrachten würden, könnten wir schauen, wie es mit der Beschäftigung in der Freizeit aussieht. Hier ist es wahrscheinlich so ähnlich wie bei uns Zweibeinern: Es gibt die Sportlichen, die jeden Tag durch den Stadtpark joggen, und die Sportmuffel, die das so gar nicht brauchen. Die kreativen Köpfe, denen keine Aufgabe zu knifflig sein kann, und die Herdentiere, die erst so richtig glücklich sind, wenn sie in einer großen Gruppe unterwegs sind und sich tiefgehend austauschen können. Demnach gilt es zu schauen, wer einen da eigentlich so begleitet, wie alt er ist, in welchem gesundheitlichen Zustand er sich befindet und welche Talente er zeigt. Wir brauchen unseren Hund auf dem Spaziergang nur einmal genau anzuschauen und zu reflektieren, mit was er sich hauptsächlich beschäftigt und wo er sich in seinem Tun verliert.

Ist er hauptsächlich mit der Nase unterwegs, liebt er es, über Baumstämme zu balancieren, oder ist er ein guter Ansprechpartner in einer Hundegruppe? Natürlich sollte die Beschäftigung Mensch und Hund Freude bereiten und das gemeinsame Tun beide zum Team werden lassen.

Kurzum sollte die Auslastung dem Hund, seinen Vorlieben und Talenten angepasst sein, Anlagen fördern, ohne zu überfordern, Spaß auf beiden Seiten der Leine bringen und den Teamspirit beflügeln.

Wer die Wahl hat …
Dummyarbeit, Spurensuche, Canicross oder Agillity sind nur einige Ideen, die man sich mit seinem Hund einmal anschauen könnte.

14__Besseresser

Einfach satt oder schon krank?

Der Hund steht vor seinem gefüllten Futternapf und schaut uns fragend an, und wir hören eine imaginäre Stimme, die zu uns spricht: »Ist das dein Ernst? Das hier soll mein Frühstück sein?« Dabei haben wir abgewogen, klein geschnitten, waren beim Biobauern für das beste Fleisch und haben das Gemüse sanft vorgegart.

Beim Futter ist es oft nicht anders als bei uns Menschen. Es gibt Persönlichkeiten, die wählerischer sind als andere. Da wird von einem förmlich mit spitzen Zähnen die Rosine aus dem Sauerbraten aussortiert, und der Nächste mischt den Kartoffelstampf und den Rotkohl direkt mit unter. Hier und da gibt es dann schon mal ein Goodie, welches unter das Futter gemischt wird, um die Mahlzeit attraktiver zu machen und den Hund zum Fressen zu animieren. Schlaue Nasen fressen ab dem Moment nur noch ihre Mahlzeit mit Goodie und schauen, ob man das noch steigern kann. Manchmal kann es aber auch sein, dass der Hund schlichtweg keinen Hunger hat.

Ist er allerdings sonst immer schnell dabei, wenn es um seine Mahlzeit geht, und verweigert von heute auf morgen das Futter, dann sollte man einmal genau hinschauen. Mögliche Ursachen hierfür können zum Beispiel ein Zahnproblem oder eine Verletzung in der Mundhöhle sein. Jeder Bissen tut weh und fühlt sich unangenehm an. Vielleicht hat er sich auf der Hundewiese einen Magen-Darm-Infekt eingefangen oder sogar Fieber. Sollte der Hund das Futter länger nicht anrühren, so ist es gut, einmal beim Tierarzt vorstellig zu werden.

Auch hormonelle Veränderungen führen zu Appetitlosigkeit. In der Pubertät wechseln die Hunde täglich vom Fressmonster zum Mäkelfritzen, läufige oder scheinträchtige Hündinnen verweigern oft das Futter oder fressen sehr selektiv. Auch bei Rüden kann sich das Fressverhalten verändern, sobald eine läufige Hündin in näherer Umgebung ist. Da hat man gelegentlich anderes im Kopf als den gefüllten Fressnapf.

Persönliches Empfinden

Auf nahezu allen Futterverpackungen findet man eine Fütterungsempfehlung je nach Alter oder Gewicht des Hundes. Hält man sich an diese Angaben, ist es dennoch gut, selbst einmal genau hinzuschauen, ob der Hund das richtige Gewicht hält.

15___Blaue Stunde

Hunde sehen in der Dämmerung besser

Wenn die Sonne hinter dem Horizont verschwindet, färbt sich der Himmel in ein magisches, tiefes Blau. Auch in der frühen Morgendämmerung können wir dieses wunderbare Blau beobachten, genau dann, wenn die Sonne gerade aufsteigt. Sind wir zu dieser Zeit zusammen mit unseren Hunden unterwegs, wundern wir uns oft, wie elegant sie sich durch das Halbdunkel bewegen können. Während wir schon richtig gut aufpassen müssen, wo wir hintreten, scheint unser Hund mit einem gut funktionierenden Navigationsgerät unterwegs zu sein.

Und tatsächlich verfügen sie über ein »Navigationsgerät«, welches sie sicher durch die Dunkelheit leitet. Die Natur hat das sehr clever eingefädelt, da die meisten Beutetiere, die auf dem ursprünglichen Speiseplan unserer Caniden standen, zu dieser Zeit aktiv sind. Deswegen hat Mutter Natur ihnen einen besonderen Aufbau ihrer Augen mit auf den Weg gegeben. Im Vergleich zu unseren Augen befinden sich auf ihrer Netzhaut wesentlich mehr Stäbchen, die für das Hell- und Dunkel-Sehen verantwortlich sind.

Zusätzlich besitzen sie hinter der Netzhaut noch eine fast spiegelähnliche Fläche, das sogenannte Tapetum lucidum oder der »leuchtende Teppich«. Diese Fläche funktioniert wie ein Restlichtverstärker im Hundeauge. Das in der Dämmerung noch vorhandene Licht wird hier reflektiert und kann nochmals genutzt werden. Ganz deutlich sieht man das, wenn wir mit unserem Scheinwerferlicht in der Abendstunde ein nachtaktives Tier kreuzen. Seine Augen scheinen dann regelrecht zu glühen, und es sieht beinahe ein wenig unheimlich aus.

Wir haben diese Spiegelfläche leider nicht, tappen abends oder in der frühen Morgenstunde eher unsicher durch die Dämmerung und erkennen nur noch schemenhaft, was um uns herum passiert. Allerdings leidet unter der Fähigkeit, in der Dunkelheit gut zu sehen, die Sehschärfe.

Besser an die Leine
Hat man einen jagdlich passionierten Hund an seiner Seite, so ist die Gefahr groß, dass er sich zur Blauen Stunde auf die Pirsch begibt.

16__Buffeträuberei

Die Dosis macht das Gift

Es scheint zu verlockend. Der Frühstückstisch ist gedeckt, Brötchen, Käse, Wurst, eine Gemüseplatte und eine Obstauswahl stehen bereit. Unsere Hunde liegen scheinbar entspannt im Körbchen und beobachten uns dabei, wie wir das Buffet ihrer Träume anrichten. Ein kurzer Moment der Unaufmerksamkeit wird schamlos ausgenutzt. Während wir unsere Frühstücksgäste hereinbitten, räumt der Vierbeiner das Buffet leer. Es wird runtergeschlungen, was gerade so dem Maul in die Quere kommt.

Im ersten Moment scheint es eine ziemlich schlaue Aktion zu sein. Chance erkannt, Chance genutzt. Allerdings sind viele unserer Lebensmittel für unsere Hunde in größeren Mengen nicht verträglich. Bei manchen Lebensmitteln reicht auch schon eine kleine Menge, um Verdauungsschwierigkeiten, Unwohlsein und sogar Vergiftungserscheinungen hervorzurufen.

Bei Lebensmitteln sollte man besonders darauf achten, dass Kaffee, Lauchgewächse, Macadamianüsse, rohe Nachtschattengewächse, Schokolade, Weintrauben und Zuckerersatzstoffe außer Reichweite des gefräßigen Hundemauls stehen. Ein unachtsam weggeworfener Steinobstkern kann zerkaut sein Gift freigeben oder unzerkaut den Darm verschließen. Ebenso sollten Medikamente, Putzmittel und Insektenschutzmittel ähnlich wie bei Kleinkindern sicher verwahrt werden.

Auch im Garten verstecken sich einige Gifte, die für den Hund schädlich sein können. Dazu zählt der Buchsbaum, die Amaryllis, Efeu, Eibe, die Engelstrompete, Fingerhut, Ilex, Maiglöckchen, der Oleander und der Lebensbaum. Gerade bei Jungspunden, die überall hineinbeißen, sollte man besonders vorsichtig sein.

Anzeichen einer Vergiftung sind meistens Erbrechen, Durchfall, Atembeschwerden, blasse oder gelbe Schleimhäute und Speicheln sowie Zittern und Krampfanfälle. Bei den ersten Anzeichen gilt Ruhe bewahren, Vitalwerte des Hundes überprüfen und sofort Kontakt mit dem Tierarzt aufnehmen.

Alles muss raus
Wenn der Hund etwas Giftiges geschluckt hat, kann der Tierarzt ihn mittels eines Medikamentes, das per Spritze oder per Augentropfen verabreicht wird, zum Erbrechen bringen.

17_Canicross

Als Team mit dem Hund über Stock und Stein

Canicross (cani = Hund, cross = Geländelauf) ist eine der vielen Zughundesportarten aus dem skandinavischen Raum, die ihren Ursprung im Schlittenhundesport haben und vor allem bei aktiven Joggern immer beliebter werden. Beim Canicross lässt sich nämlich ein Läufer von einem Hund ziehen und erreicht dadurch eine höhere Geschwindigkeit. Für die bei uns noch recht junge Disziplin gibt es sogar offizielle Wettkämpfe und Meisterschaften – unter anderem ausgerichtet von Gebrauchshundesportvereinen (DGV) und Schlittenhundesportvereinen (VDSV) sowie von Zughundesport-Events und Camps.

Die Läufer sind durch eine an einem Hüftgürtel befestigte, elastische Leine mit Ruckdämpfer mit einem oder zwei Hunden verbunden, die wiederum ein spezielles Zuggeschirr tragen, das den Geschirren von Schlittenhunden nicht unähnlich ist.

Da Hunde durchaus das Drei- bis Fünffache ihres Körpergewichts ziehen können, ist also auch grundsätzlich jeder Hund für diesen Sport über verschiedene Distanzen (meist zwischen 4 bis 10 Kilometer) geeignet, sofern man ihn dafür motivieren kann. Vielen nordischen Hunderassen wie den Huskys liegt das Ziehen jedoch geradezu im Blut, daher gibt es für sie bei Wettbewerben auch eigene Klassen. Gelenkt werden die Hunde über Stimmkommandos, was das Mensch-Hunde-Team in puncto Vertrauen oft richtig gut zusammenschweißt. Diese verbalen, von den Mushern (Schlittenhundeführern) übernommenen Signale müssen genauso langsam und motivierend trainiert werden wie das Ziehen und das ungewohnte vor dem Menschen Laufen. Einfacher ist es häufig, mit einer kleinen Gruppe von Gleichgesinnten zu trainieren, um die Muskulatur und die Ausdauer des Hundes schrittweise aufzubauen und das gemeinsame Laufen auf unterschiedlichem Terrain und Geländesituationen zu üben.

Dogtrekking, Dogscooting, Bike- und Skijöring sind mittlerweile weitere trendige Zughundesportarten.

IronDog

Für die ultimative sportliche Herausforderung mit dem Hund gibt es mittlerweile auch Dog-Triathlons mit Schwimmen, Laufen, Radfahren, wobei für den IronDog gemeinsam 150 Meter im Wasser und je 4 Kilometer mit dem Rad und als Canicross zurückgelegt werden müssen.

18__Chemische Kastration

Chance auf eine Auszeit und Klärung

Eine chirurgische Kastration ist für den Rüden eine weit reichende und nicht mehr reversible Entscheidung, die sich auf seinen Hormonhaushalt und auf sein Verhalten auswirken kann. Der Eingriff kann auch den Stoffwechsel negativ beeinflussen und Fellveränderungen hervorrufen. Kastrationen gehören zu den am häufigsten durchgeführten Operationen beim Tierarzt. Oftmals steckt hier nicht nur eine medizinische Indikation als Grund dahinter, sondern der Wunsch, gewisse Verhaltensprobleme des Hundes zu verändern.

Gemäß unserem Tierschutzgesetz ist der Kastration ein sehr enger Rahmen gesetzt worden. Sie ist gestattet, um eine bestehende Krankheit zu therapieren, eine unkontrollierte Fortpflanzung zu verhindern oder wenn sie »zur weiteren Nutzung oder Haltung« vorgenommen wird. Eine Kastration, um möglichen Krankheiten vorzubeugen, fällt nicht in diesen Rahmen.

Bei der chemischen Kastration des Rüden wird mit Hilfe eines Chip-Implantates die Wirkung einer Kastration für circa 6 bis 12 Monate imitiert. Je nachdem wie der Chip im Körper absorbiert wird, kann sie auch länger anhalten. Die volle Wirkung tritt nach circa 4 bis 6 Wochen ein. Wie sich das Einsetzen des Chips auf den jeweiligen Rüden auswirkt, lässt sich leider nie exakt voraussagen.

Durch den Chip kommt es zu einer vorübergehenden Unfruchtbarkeit, ohne dass eine Operation durchgeführt werden muss. Daher spricht man hier im Gegensatz zur chirurgischen Kastration von einer chemischen Kastration. Ein großer Vorteil des Chips liegt darin, dass seine Wirkung nur vorübergehend ist. Somit kann man sehr gut beurteilen, ob die Kastration eines Rüden im Hinblick auf Verhaltensprobleme Sinn macht oder nicht und nötigenfalls immer wieder auf »Werkseinstellung« zurückgedreht werden kann. Sollen durch die Kastration Verhaltensprobleme gelöst werden, ist es ratsam, das Gespräch mit einem ausgebildeten Hundetrainer zu suchen.

Eine für alle

Der Hundehalter kann sich für einen 6- oder 12-Monats-Chip entscheiden. Die Dosis wird allerdings nicht an die Größe des Hundes angepasst und ist für Dackel und Dogge gleich.

19 Dalmatiner

101 Tupfer

Cruella de Vil träumt in dem Film »101 Dalmatiner« nicht von ungefähr von einem Mantel aus Dalmatinerfell, denn weltweit hat keine andere Hunderasse vergleichbare runde Flecken. Umso mehr überrascht es, dass Dalmatinerwelpen völlig weiß zur Welt kommen und sich die schwarzen oder braunen Tupfen erst nach etwa 2 Wochen langsam ausbreiten. Mit ungefähr einem Jahr verändert sich diese individuelle Zeichnung dann nicht mehr.

Auch wenn man inzwischen die Gene identifiziert hat, die hier für die Pigmentierung und Ausbildung der Fellfarben zuständig sind, weiß man nicht genau, wie diese Hunde zu ihrer weißen Grundfarbe und den dunklen Tupfern gekommen sind. Sicher ist nur, dass sie durch menschliche Selektion in der Rasse gefestigt wurden und bis heute für diese besondere Optik selektiv gezüchtet werden. Dabei sollen sich die kleinen dunklen Flecken, so will es der Rassestandard, deutlich und klar abgerundet vom weißen Fell abheben, einheitlich etwa 2 bis 3 Zentimeter groß, gleichmäßig am ganzen Körper verteilt sein und nicht zu Platten verlaufen. Tupfen am Kopf, den Gliedmaßen und der Rute sind ausdrücklich erwünscht und sollten proportional kleiner sein als auf dem restlichen Körper.

Doch wie bei allen Hunden, die das Weiß-Scheckungs-Gen tragen, deren Fell also überwiegend weiß ist, kann diese Fellfarbe auch Nachteile bergen. Die Gene, die für die fehlende Pigmentierung verantwortlich sind, können beim Dalmatiner Taubheit hervorrufen oder für eine Fehlentwicklung des Auges verantwortlich sein. Schuld daran ist das Fehlen sogenannter Melanozyten, die für die dunkle Fellpigmentierung, aber auch für die Bildung von Haarzellen in den Ohren des Hundes verantwortlich sind. Ohne intakte Haarzellen werden akustische Signale nicht an das Gehirn weitergeleitet.

Im Film retten zum Glück Pongo und Perdi sämtliche Dalmatinerwelpen, denen Cruella das getupfte Fell abziehen wollte.

Vom Ursprung der Dalmatiner
Schon die alten Ägypter besaßen Darstellungen aus Pharaonengräbern zufolge dalmatiner-
artige Hunde mit Tupfen. Ihren Namen verdanken sie jedoch ihrer vermeintlichen Herkunft
aus der kroatischen Region Dalmatien, doch woher die sicherlich sehr alte Rasse genau
stammt, ist nicht belegt.

20 __ Diensthunde
Hunde als Staatsdiener

Vor allem die Polizei, der Zoll und das Militär nutzen im Auftrag des Staates für unterschiedliche Aufgaben ausgebildete Gebrauchshunde. Und das hat Tradition, denn bereits im Mittelalter wurden Hunde zur Bewachung öffentlicher Gebäude und zum Schutz ganzer Gemeinden eingesetzt. Ab 1816 gab es bei der britischen Polizei bereits offizielle Diensthunde, die unter anderem zum Aufspüren von Whiskyschmugglern herangezogen wurden, ab 1900 nahm man auch in Deutschland Schutzhunde mit auf Streife.

Da man erkannte, dass Hunde weit mehr können, als nur flüchtige Täter zu verfolgen und zu stellen oder Hundeführer zu beschützen, wurden bei der Polizei in den 1970er Jahren vielfältige Spezialausbildungen für Diensthunde eingeführt. Bis heute bauen diese immer noch auf einer erfolgreich bestandenen Schutzhundeprüfung auf, daher sind im Staatsdienst vorwiegend deutsche und belgische Schäferhunde im Einsatz. Neben Rettungshunden sind es vor allem Spürhunde, die Polizei und Zoll beim Aufspüren von Drogen, Tatwaffen, Sprengstoff, Bargeld, Datenträgern, Brandmitteln, Schmuggelware (zum Beispiel auch bedrohte Tierarten) und Leichen unterstützen. Mantrailer (siehe Kapitel 89), Rauschgift- und Sprengstoffspürhunde werden auch vom Militär genutzt, allerdings bildet die Schule für Diensthundewesen der Bundeswehr fast alle Tiere zunächst als Feldjägerdiensthunde und Sicherungsdiensthunde aus und erst dann auch zu Spezialisten in Sachen Nase.

In Deutschland sind Diensthunde Eigentum des Staates und werden in der Regel schon als Welpen ihren Diensthundeführern zugewiesen, damit diese die Hunde von Beginn der Ausbildung an begleiten und bei sich aufnehmen, um später bei der Arbeit ein perfekt aufeinander abgestimmtes Team zu bilden. Der Staat finanziert die meist zweijährige Ausbildung und übernimmt während der durchschnittlich 6 bis 8 Dienstjahre die laufenden Kosten für die Tiere.

Erfolgsmeldung

Seit im Fall Lüdge Deutschlands einziger Datenspeicher-Spürhund Artus einen von seinen menschlichen Kollegen übersehenen USB-Stick in einer Sesselritze fand, werden in allen Bundesländern weitere Spürhunde ausgebildet, die sogar geruchlose SIM-Karten, aber auch Handys, Akkus, CD-Splitter und Ähnliches aufspüren können.

21 Dogdancing

Die mit dem Hund tanzen

Das Tanzen mit dem Hund, die Darbietung einer musikalisch untermalten Choreografie und die rhythmische Fußarbeit von Mensch und Hund gehören längst zu den etablierten, unter dem Dach des Deutschen Verbands der Gebrauchshundesportvereine (DVG) geführten Sportarten, für die sogar Turniere bis hin zu Weltmeisterschaften ausgetragen werden.

Ursprünglich vor allem in den USA als Showprogramm gedacht, entwickelte sich Dogdancing schnell zu einem in verschiedene Klassen und Disziplinen aufgeteilten Hundesport, der allen Rassen und Größen offensteht und im Prinzip eine leichtfüßige Variante des Obedience darstellt, also auf Gehorsam, Arbeitswillen, Präzision, Geschwindigkeit und harmonischer Teamarbeit von Mensch und Hund basiert.

Auch wenn Hunde nicht musikalisch sind, sorgt das gemeinsame Tanzbeinschwingen für eine optimale körperliche und geistige Auslastung, während vom Menschen Rhythmusgefühl und Kreativität gefragt sind. Von der Einsteigerklasse 1 kann man sich bis in die schwerste Klasse 3 hochtanzen, daneben gibt es im Sport auch eine Seniorenklasse für ältere Hunde und eine Fun-Klasse, in der die Belohnung der Hunde durch Futter oder Spielzeug ausdrücklich erwünscht ist. Angetreten wird dann entweder in der Disziplin Freestyle oder in Heelwork to music. Letztere besteht zu 75 Prozent aus Fußarbeit, bei der der Hund im Zusammenspiel oder gar synchron mit seinem menschlichen Partner bis zu 18 verschiedene Fußpositionen in komplexen Schrittfolgen zeigen soll. Auch beim Freestyle soll vor allem Leichtigkeit demonstriert und die Kommandos und Handzeichen möglichst unsichtbar in die Choreografie eingebaut werden. Bei der Kür gibt es keine Pflichtelemente, dafür sind spektakuläre Tricks und Moves wie Sprünge, Drehungen um die eigene Achse, Kriechen, Rollen und so weiter ausdrücklich erlaubt, für die es am Ende eine technische und eine künstlerische Note gibt.

Neugierig geworden?
Inzwischen gibt es zahlreiche Hundeschulen, die sich ganz auf Dogdance spezialisiert haben und natürlich auch Schnupperkurse anbieten.

22 Dogsharing

Patchwork für den Hund

Da Carsharing, Foodsharing oder Jobsharing längst etablierte Konzepte sind, etwas miteinander zu teilen, lag wohl der Gedanke nahe, dieses Modell unter bestimmten Voraussetzungen auch auf Hunde zu übertragen. Grundsätzlich teilen sich beim Dogsharing zwei oder mehr Menschen die Betreuung eines Hundes. Die Gründe dafür sind vielfältig: Manchen Hundebesitzern fehlt die Zeit, ihrem Tier gerecht zu werden; manch einer wünscht sich einen Hund, darf oder will ihn aber in seiner Wohnung nicht halten, und manche Hunde wollen partout nicht allein bleiben und müssen dann während der Arbeitszeit von jemand anderem betreut werden. Da Hunde jedoch Routinen lieben und oft sehr an ihrer Bezugsperson hängen und diese im Idealfall als Rudelführer akzeptieren, sollte das Vertrauen zwischen ihnen und dem Sharing-Partner behutsam aufgebaut und vorausschauend geplant werden, damit es für alle Beteiligten eine Win-win-Situation ist.

Grundsätzlich können Hunde zu mehreren Menschen eine feste Bindung aufbauen, vor allem, wenn man ihnen genug Zeit fürs Kennenlernen gibt, vertraute Routinen und Umgebungen etabliert und eine ähnliche Erziehung verfolgt. Damit es gut funktioniert, sollten sich die zweibeinigen Dogsharer ebenfalls »gut riechen können«, denn im Idealfall teilt man sich ja nicht nur die Verantwortung für den Hund über viele Jahre, sondern es entsteht jeweils eine starke emotionale Bindung zum Tier, die nicht durch Uneinigkeit getrübt werden sollte.

Wichtig sind daher feste Absprachen, die mindestens folgende Punkte umfassen und schriftlich festgehalten werden sollten: Wer ist der Hauptbesitzer des Hundes? Wie werden die Kosten für Futter, Hundesteuer, Tierarzt geteilt? Was bekommt der Hund zu fressen? Welche Regeln umfasst die Betreuung des Hundes? Welche Bedürfnisse des Hundes müssen unbedingt berücksichtigt werden? Welche Erziehungskonzepte sollten beachtet werden?

dogsharing.de
Wer jemanden sucht, um seinen Hund zu teilen oder umgekehrt einen Hund sucht, den er gleichberechtigt betreuen kann, wird inzwischen auf zahlreichen Dogsharing-Plattformen fündig.

23 Doppelbelegung

Ein Wurf, mehrere Väter

Hunde sind polygam, daher sind Hündinnen bereit, sich während der Hitze mit jedem verfügbaren Rüden zu paaren, und können so pro Wurf von verschiedenen männlichen Tieren trächtig werden. Das ist möglich, weil Hündinnen während des Eisprungs mehrere Eizellen produzieren, die jeweils 3 bis 4 Tage befruchtet werden können. Anschließend bildet die Eizelle eine Zellmembran, durch die kein anderes Spermium mehr hindurchkommt. Dadurch wird sichergestellt, dass später kein Welpe das Erbmaterial von mehreren Vätern trägt.

Aus Sicht der Züchter kann eine Doppelbelegung – entweder durch natürliche Bedeckung, durch künstliche Befruchtung mit dem Sperma beider Väter oder durch die natürliche Bedeckung eines Rüden und dem Einsetzen des Spermas eines zweiten Rüden – verschiedene Vorteile haben. Gerade bei eher seltenen Hunderassen fördern Züchter auf diese Weise die Diversität beziehungsweise die genetische Vielfalt ihrer Rasse und gewinnen schneller Erkenntnisse über die Qualität der Rüden in puncto Vererbung. Die individuellen Gene der Hündin prägen die Welpen zu 50 Prozent, die andere Hälfte des Wurfs wird von den Eigenschaften der verschiedenen Väter bestimmt. Darüber hinaus können Doppelbelegungen sinnvoll sein, wenn einer der Rüden noch unerfahren ist oder schon mal ohne Erfolg gedeckt hat, denn dann ist man als Züchter mit einem erwiesenermaßen zeugungsfähigen Rüden auf jeden Fall auf der sicheren Seite. Nachteilig ist sicherlich der erhöhte Deckaufwand, denn dieser erfordert eine präzise Koordination und Datierung der Bedeckungen und stellt eventuell einen größeren Stressfaktor für die Hündin dar.

Eine Mehrfachbelegung wird seit 2018 sogar offiziell vom VDH genehmigt, sofern dafür bei der Zuchtleitung die Erlaubnis eingeholt wurde, die Hündin mit maximal zwei Rüden zu belegen. Für alle Elternteile muss ein DNA-Fingerprint vorgelegt werden.

Vaterschaftstest
Erst wenn die Welpen vom Tierarzt gechipt wurden (ab der 6. Woche), kann ein offiziell gültiger DNA-Test (Blut- oder Speichelprobe) im Labor beantragt werden. In diesem Fall (Foto) waren Hündin und ein Vater Laiki, der andere Vater jedoch versehentlich ein Patterdale Terrier.

24__Einsamer Sofawolf

Wie lange kann ein Hund allein bleiben?

Manch einer freut sich, wenn der Zweibeiner endlich das Haus verlässt und sich möglichst lange nicht mehr zu Hause blicken lässt. Endlich mal so richtig lange in der Gegend rumdösen, ohne dass jemand etwas von einem will oder man ihm ständig hinterherrennen muss, um zu schauen, was er da gerade schon wieder tut. Den anderen zwickt schon nach kurzer Zeit die Blase, und er läuft nervös vor der Haustür auf und ab, um endlich erlöst zu werden. Wie lange kann oder sollte man seinen pelzigen Freund zu Hause allein lassen?

Die Antwort ist so unterschiedlich, wie es verschiedene Hundepersönlichkeiten gibt. Eine allgemein gültige Antwort gibt es hierzu nicht. Einige Hunde haben gar kein Problem damit, 6 bis 8 Stunden allein das Haus zu hüten. Andere haben ihre Toleranzgrenze nach 2 Stunden erreicht. Der Durchschnitt der Halter gibt an, dass 4 Stunden eine gute Zeit ist, in der man den Hund gut allein zu Hause lassen kann. Vollzeit arbeiten und den Hund tagtäglich über mehr als 6 bis 8 Stunden sich selbst überlassen sollte nach Möglichkeit nicht der normale Rahmen für das Mensch-Hund-Team sein. Hunde sind soziale Lebewesen und sollten nicht zu lange und zu oft von ihrem Sozialpartner getrennt sein, und irgendwann knurrt auch einmal der Magen, die Blase drückt, oder etwas Größeres ist im Anmarsch und möchte heraus.

Ganz aktuell gibt es hierzu einen neuen Gesetzesentwurf, in dem aufgezeigt wird, dass Hunde nicht mehr den ganzen Tag allein gelassen werden dürfen und mindestens zweimal am Tag für insgesamt 60 Minuten an der frischen Luft bewegt werden müssen und Kontakt zu Sozialpartner haben sollen.

Sollte man dann doch einmal länger unterwegs sein, ist es immer gut, ein Backup zu haben, ein Familienmitglied, welches zwischendurch einmal nach dem Hund schauen kann oder möglicherweise auch einen Dogsitter, der sich in solchen Situationen professionell um das Tier kümmert.

Bürohunde
Sollte es nicht anders gehen, als den Hund mit auf die Arbeit zu nehmen, bekommt man gute Infos hierzu auf https://vollzeit4beiner.at.

25 Einschläfern und bestatten

Da liegt der Hund begraben

So schmerzlich für die meisten Besitzer allein der Gedanke daran ist, müssen sie doch darauf gefasst sein, irgendwann auch die Verantwortung für ein würdiges Lebensende des geliebten Hundes zu übernehmen. Kann die Tiermedizin nicht mehr weiterhelfen oder ist das Alter für den Hund zur Qual geworden, ist es eine Gnade, ihn von seinen Leiden und Schmerzen zu erlösen. Viele Halter fürchten sich vor der endgültigen Entscheidung, doch wer seinen Liebling gut kennt, wird in Absprache mit dem Tierarzt erkennen, wann der richtige Zeitpunkt gekommen ist. Wird der Hund dann fachgerecht eingeschläfert und vom Besitzer dabei emphatisch begleitet, nimmt er den Übergang vom Tiefschlaf zum Herzstillstand nicht wahr und verspürt keinerlei körperliche Schmerzen.

Meist bekommen die Hunde zunächst ein Beruhigungsmittel verabreicht, vor allem wenn für den Tierarzt erkennbar ist, dass sich Nervosität und Stimmung des Besitzers auf das Tier übertragen. Mittels Injektion wird ihm dann – üblicherweise über einen Venenzugang am Vorderlauf – ein Schlafmittel und ein wissentlich überdosiertes Narkotikum in die Blutbahn gespritzt, worauf das Tier zunächst in Tiefschlaf fällt, bevor die tiefe Narkose zum Herzstillstand führt.

Grundsätzlich ist es erlaubt, Hunde im eigenen Garten zu begraben, sofern sich dieser nicht in einem Wasserschutzgebiet befindet und man gewisse Auflagen erfüllt. Alternativ oder mangels Garten ermöglichen Tierbestatter eine Beisetzung auf einem Tierfriedhof oder verfügen zum Teil auch über ein eigenes Krematorium, um den Hund einzuäschern und seine Asche an die Besitzer zurückzugeben, zum Beispiel in Urnen für den Innen- oder Außenbereich, zum Ausstreuen oder um Schmuck daraus zu fertigen. Auf vielen Waldfriedhöfen ist auch die Beisetzung der Asche eines Hundes in biologisch abbaubaren Urnen gestattet, daneben gibt es mittlerweile auch einige Mensch-Tier-Friedhöfe, auf denen die Asche des Hundes als Grabbeigabe erlaubt ist.

Baumbestattung

Wer einen eigenen Garten hat, kann die Asche des verstorbenen Hundes im Wurzelbereich eines Baumes vergraben oder einen neuen Baum pflanzen, der aus der Asche Kraft zieht und zur bleibenden Gedenkstätte wird. Einige Tierbestatter bieten spezielle Urnen an, aus denen, von der Asche genährt, ein kleiner Baum herauswächst.

26 Das erste halbe Jahr
Die ersten Lebensphasen

Schon in den ersten 6 Monaten seines Lebens tritt unser Hund eine aufregende und sehr wichtige Reise für seine Entwicklung an, die wir in verschiedene »Reisephasen« einteilen können (siehe Kapitel 110).

Neonatale Phase – Geburt bis zum 12. Tag: In den ersten Tagen erlernt der Welpe, dass er aktiv werden muss, wenn der Bauch grummelt oder ihm die wohlige Wärme fehlt. Es wird gekrabbelt, gerobbt oder geschoben, um an die Zitzen der Mutter zu kommen oder sich in den Haufen der Geschwister einzukuscheln, damit es auch schön mollig warm ist. Durch seine Aktivitäten wird das Immunsystem des Welpen angeregt, und er lernt, dass er kleinere Missstände ganz gut selber regeln kann.

Übergangsphase – 13. bis 21. Tag: Hallo Umwelt! So langsam öffnen sich die Augen, Geräusche werden gehört, und der Hund beginnt, seine Umwelt wahrzunehmen. Das macht natürlich neugierig, und der Bewegungsradius dehnt sich aus.

Sozialisierungsphase – 20. bis 84. Tag: Mitunter die wichtigste Phase im Leben eines Hundes. Hier werden taktile, olfaktorische, visuelle und akustische Signale aufgesaugt wie von einem Schwamm, und dadurch vernetzen sich die Nervenzellen im Hundegehirn, werden ausgebaut und stabilisiert. Zu allem wird neugierig Kontakt aufgenommen. Geschwister, Mutterhündin und Menschen. Alles scheint nach dem Motto zu laufen »Was passiert eigentlich, wenn …?«. Je besser das Gehirn nun vernetzt wird, umso besser kann der Hund in seinem späteren Leben mit neuen Herausforderungen klarkommen, da er eine Menge Erfahrungen gemacht hat, auf die er zurückgreifen kann.

Juvenile Phase – 12. Woche bis 6. Monat: In dieser Phase entwickeln sich Rassen ganz unterschiedlich schnell oder langsam. Die jungen Hunde sind wahre Streber und lernen schnell. Deshalb verzweifelt man auch so oft in der Pubertät: »Der konnte das alles mal!«

Frühreif
Kleine Rassen sind teilweise schon mit sechs Monaten komplett mit dem D-Zug durch die Kinderstube gerast und früher erwachsen als ihre großen Kollegen.

27_Erste Hilfe für den Hund

Im Notfall richtig handeln

Gute Erste-Hilfe-Kenntnisse sind wichtig, um im Notfall ruhig und überlegt zu handeln und die richtigen Maßnahmen für einen schnellen Transport des verletzten oder kranken Hundes zur Tierarztpraxis oder zu einer Klinik zu ergreifen. Auch der liebste Hund kann aufgrund von Schmerzen oder Angst unkontrollierte Reaktionen zeigen, daher sollte man unbedingt eine einfache Maulschlinge (zum Beispiel mit einer Mullbinde) beherrschen, die verhindert, dass der Hund nach den Helfern schnappt. Ausnahmen sind häufiges Erbrechen, Atembeschwerden, Nasenbluten und Herz-Kreislauf-Beschwerden. Schwer verletzte Tiere sollten möglichst auf einer improvisierten Trage (Brett, Decke) liegend zum Tierarzt transportiert werden.

Die normale Körpertemperatur eines Hundes beträgt 37,5 bis 39 Grad, bei Welpen bis zu 39,5 Grad (zum Messen das Thermometer in den After einführen und schräg halten), der Puls beträgt 70 bis 130 Schläge/Minute, bei kleinen Rassen bis 180 Schläge/Minute und bei Welpen 220 Schläge/Minute (tastbar auf der Innenseite des Hinterschenkels). Die Atemfrequenz sollte bei großen Hunden 10 bis 20 Atemzüge/Minute und bei kleinen Hunden oder Welpen 30 bis 50 Atemzüge/Minute betragen.

Steht der Hund unter Schock, sind die Schleimhäute blass verfärbt, ist die Atmung beschleunigt, der Puls unregelmäßig und die Haut kühl. Den Hund in diesem Fall in eine Decke wickeln und sofort zum Tierarzt bringen. Im Falle eines Hitzschlags (erhöhte Körpertemperatur, Hecheln, tiefrote Schleimhäute) den Hund im Schatten viel trinken lassen und gleichzeitig langsam abkühlen. Große Wunden nicht auswaschen oder desinfizieren, da sie dann nicht mehr genäht werden können. Arterielle Blutungen (hellrotes Blut spritzt pulsierend aus der Wunde) herzwärts abbinden. Kleinere Fremdkörper mit einer Pinzette entfernen, größere immer stecken lassen, den Fremdkörper in einen Polsterverband integrieren und sofort zum Tierarzt fahren.

Erste-Hilfe-Kurse
Wer wenig Routine hat, sollte unbedingt einen Erste-Hilfe-Kurs für Hunde besuchen, um zu lernen, wie im Notfall offene und stumpfe Verletzungen fachgerecht versorgt werden, Frakturen für den Transport provisorisch geschient und verschiedene Verbände angelegt werden.

28 Das Fell
Eine haarige Angelegenheit

Ob ein Hund langhaarig, kurzhaarig, rauhaarig oder stockhaarig ist, Rastalocken, leichte Wellen oder eine dichte Unterwolle hat – immer weist das Fell eine bestimmte, meist rassetypische Funktion auf und ist genetisch festgelegt. Zunächst einmal unterscheidet man zwischen dem pigmentierten Deckhaar, das die Fellfarbe bestimmt und vor Umwelteinflüssen schützt, und dem weichen Unterfell. Das Deckhaar beziehungsweise die Grannenhaare (je nach Rasse wachsen zwischen 400 bis 1.200 Deckhaare auf einem Quadratzentimeter Haut) können je nach Länge und Dichte zum Beispiel hervorragend Wasser ableiten, als Mantel fungieren, vor Sonnenstrahlen schützen oder die von Gestrüpp, Dornen und sogar von Bissen anderer Tiere ausgehende Verletzungsgefahr eindämmen.

Die flauschige, zwischen 2 Millimeter und 2 Zentimeter lange Unterwolle wird nicht nur von der Genetik, sondern auch von der Außentemperatur bestimmt, daher stirbt bei stockhaarigen Hunden wie dem Schäferhund die gesamte Unterwolle im Frühjahr ab und bildet sich für den Winter neu. Im Gegensatz zum Deckhaar lässt es sich büschelweise ausbürsten, was wichtig ist, damit das Fell nicht verfilzt und die Haut darunter gut belüftet wird. Beim Husky entspricht die Länge des Deckhaars sogar der der Unterwolle, womit das »Doppelfell« eine besonders gute Isolierung besitzt.

Bei Hunden mit Lockenkraushaar fehlt die Unterwolle, und das Deckhaar unterliegt nicht dem normalen, sechs- bis achtwöchigen Lebenszyklus, nachdem einzelne Haare absterben und sich an gleicher Stelle neue Haarwurzeln bilden. Daher haaren Pudel kaum und eignen sich auch für Allergiker, müssen jedoch häufig geschoren werden, damit das Fell nicht verfilzt. Lockiges Fell ist zudem extrem wasserabweisend und deswegen nicht nur für Pudel, sondern auch für fast alle Wasserhunderassen typisch. Auch das borstige Fell rau- und drahthaariger Hunde ist stark wasserabweisend, wobei Terrier, Rauhaardackel und Co. meist auch eine dichte Unterwolle haben.

Fellpflege
So unterschiedlich wie das Fell ist, so individuell sollte es gepflegt, getrimmt, gebürstet, geschoren und so weiter werden, damit es nicht verfilzt.

29__Freiräume

Der Ruf der großen weiten Welt

Wo sollte sich mein Hund aufhalten, und wie viel Freiraum darf ich ihm geben? Eine der häufigsten Fragen im Hundetraining, die Sorge um das »Nicht genug« und »der muss doch mal rennen können« ist groß und verständlich. Die meisten Halter möchten ihrem Hund den größtmöglichen Freiraum geben, von dem sie überzeugt sind, dass er ihn benötigt. Allerdings gibt es viele Faktoren, die hier mit hineinspielen.

Zum einen bestimmt die Umwelt, in der wir uns bewegen, weitestgehend den möglichen Freiraum, den wir zusammen mit unserem Hund nutzen können. In der Stadt sieht es zum Beispiel ganz anders aus als auf dem Land. Vorschriften über eine generelle Leinenpflicht im städtischen Gebiet ermöglichen allein schon aus Sicherheitsgründen einen geringeren Freiraum. Bewegen wir uns in freier Natur, können Freilaufflächen nutzen oder Parkanlagen, ist die Situation schon wieder eine ganz andere. Allerdings gibt es in der Natur ebenfalls geschützte Bereiche wie Naturschutzgebiete, in denen strenge Vorschriften gelten.

Des Weiteren werden die Freiräume auch durch unseren Hund selbst bestimmt. Wen habe ich da an der Leine oder eben nicht. Hier bestimmt die Ansprechbarkeit eines Hundes, inwieweit ihm Räume zu Verfügung gestellt werden können. Ist ein Hund gut ansprechbar, so kann man diesem durchaus mehr Freiheiten zugestehen als seinem Kollegen, der gerne mal allein auf die Pirsch geht, ungefragt jedem anderen Hund guten Tag sagen möchte oder aus purer Freude die ältere wackelige Dame am Rollator überschwänglich begrüßt.

Hinzu kommen noch unsere persönlichen Ansichten. Fühle ich mich als Hundehalter sicher, wenn mein Hund in der Ferne umherläuft oder bekomme ich dabei ein ungutes Gefühl? Was kann ich mit meiner persönlichen Einstellung vertreten, und wo genau ist bei mir die Grenze des Machbaren erreicht?

Natürliche Leitplanken

Natürlicher Bewuchs kann im Training wunderbar genutzt werden, um Räume ganz klar einzuteilen. Der Wald- oder Feldweg bietet zum Beispiel eine klare Orientierung, werden die Pfoten ins Grüne gesetzt, verlässt der Hund den angedachten Raum.

30 __ Futter
Es ist angerichtet!

Der deutsche Markt für Hundefutter wächst und wächst und erzielte 2022 im stationären Handel mit 1,807 Milliarden Euro ein Umsatzplus von 7,8 Prozent.

Doch wie füttere ich meinen Hund bei dieser Riesenauswahl bedarfsgerecht? Welpen benötigen ein anderes Futters als Hundesenioren, und sportliche Hunde haben einen erhöhten Energiebedarf. Wichtig für alle Hunde ist, dass ihr Nährstoffbedarf an Mineralien, Vitaminen, Spurenelementen und Ballaststoffen über das Futter gedeckt wird.

Die Fütterung mit Trockenfutter ist praktisch und unkompliziert, die Größe der Futterbrocken sollte dabei der Größe des Tieres angepasst sein. Aufgrund der hohen Energiedichte hat Trockenfutter ein geringeres Volumen, und so fallen Futterrationen meist recht klein aus. Die fehlende Feuchtigkeit kann nach Bedarf mit Wasser ausgeglichen werden. Grundsätzlich wird unterschieden zwischen 1. extrudiertem und leicht verdaulichem Trockenfutter (die Zutaten werden auf 150 Grad erhitzt, gepresst und anschließend noch einmal auf 300 Grad erhitzt), 2. kaltgepresstem Trockenfutter, das die Darmtätigkeit stärker anregt, da die Grundstruktur der Zutaten erhalten bleibt, und 3. traditionellem, gebackenem Trockenfutter aus fein gemahlenen und zu einem Teig vermischten Zutaten.

Für halbfeuchtes Hundefutter (Feuchtigkeitsgehalt 15 bis 30 Prozent) werden die Zutaten in Wasser oder Fleischsaft gegart. Nassfutter (Feuchtigkeitsgehalt 70 bis 80 Prozent) ist besonders hochwertig, wenn es frei von Konservierungsstoffen ist, weil es roh in die Dose gegeben und dann erst unter Druck erhitzt wurde. Dabei spielen die Qualität und die tatsächliche Menge des verwendeten Fleischs eine elementare Rolle, denn häufig besteht der Doseninhalt überwiegend aus tierischen Nebenprodukten. Beim Barfen, für viele die natürlichste Ernährungsweise des Hundes, werden Fleisch und Innereien roh verfüttert und durch Vitamine, Mineralstoffe und Kohlenhydrate ergänzt.

Hundesnacks und Leckerli
Den größten Zuwachs im Bereich Hundefutter erzielten 2022 die sogenannten Snacks, für die allein in Deutschland 696 Millionen Euro ausgegeben wurden.

31_Futteraggression

Das ist generell mein Knochen!

»Wenn ich meinem Hund einen Knochen gebe, dann muss ich ihm den auch wieder wegnehmen können.« Ist das wirklich so?

Stellen wir uns vor, wir sitzen in einem Restaurant, die Servicekraft serviert uns unser Leibgericht, und wir stürzen uns mit Heißhunger auf die Sättigungsbeilage. Kaum haben wir die ersten Bissen vertilgt, kommt die Servicekraft um die Ecke und nimmt uns den Teller ohne Vorwarnung wieder weg. Ich glaube, wir würden ziemlich kariert aus der Wäsche schauen. So oder ähnlich geht es bestimmt auch unseren Hunden, wenn wir ihnen ihren Kauknochen oder den halb vollen Napf vor der Nase wegnehmen, und nicht selten kommt es hier zu unangenehmen Reaktionen, bei denen schon einmal alle 42 Argumente ausgepackt werden.

Futter ist für unseren Hund eine wichtige Ressource, die sein Überleben sichert, seine biologische Fitness und die Erhaltung seiner Art gewährt. Hinzu kommen die bereits gemachten Erfahrungen und welchen Stellenwert das Futter für ihn ganz persönlich hat. Vielleicht musste er bis jetzt um sein Futter kämpfen, es vor Artgenossen verteidigen und irgendwie war nie genug da, um satt zu werden. Oftmals werden solche Dispositionen bereits beim Züchter gefördert durch die Fütterung aller Welpen aus einem Napf. Selbstredend, dass man da schon ein bisschen argwöhnisch wird, wenn sich hier jemand der Ressource Futter nähert. Ein anderer Hund würde nur fragend schauen, wenn der Napf oder der Kauknochen entfernt werden.

Allerdings gibt es Situationen, in denen wir unseren Hunden einmal etwas aus dem Maul herausnehmen müssen, und dies sollte dann ohne große Ringkämpfe vonstattengehen können. Hierzu können wir Absprachen mit unseren Hunden treffen und zum Beispiel das Tauschen von Ressourcen etablieren. Dies kann man sich wunderbar durch ein gezieltes Training erarbeiten und bekommt demnächst ganz spontan ein Socken-Tauschangebot von seinem Hund gestellt.

Ansichten ändern

Tauschen von Beute gegen etwas anderes, wie Futter oder Spielzeug, verändert die Sicht-
weise von Hunden auf ihre wichtigen Ressourcen. Bringen sie uns spontan etwas und
machen uns ein Tauschangebot, so wissen wir, dass der Hund hier schon einmal eine gute
Idee entwickelt hat.

32 Geburt und Wurfbox

Wenn die Wehen einsetzen

Hat der Ultraschall beim Tierarzt die Trächtigkeit der Hündin bestätigt, beginnt das fieberhafte Warten auf die Geburt und auch die Vorbereitung auf die Ankunft der Welpen. Ab dem 40. Tag der Trächtigkeit legt die Hündin in der Regel deutlich an Gewicht zu und das Gesäuge verdickt sich. Ab der 9. Woche kann man die Welpen dann sogar durch die Bauchdecke erahnen. Ein paar Tage vor der Geburt schwellen die Milchdrüsen sichtbar an. Die Hündinnen werden kurz vor der Geburt häufig unruhig, appetitlos und scharren viel, um sich ihr Nest zu bauen. Das sollte man spätestens dann in Form einer Wurfbox schon parat haben.

Die Größe des Wurflagers richtet sich nach der Größe der Hündin, die darin ausgestreckt liegen können muss. Die Wurfbox sollte zudem hoch genug sein, damit neugierige Hundebabys nicht herauspurzeln und über einen Ausstieg für die Mutter verfügen. Sie sollte an einem ruhigen, zugfreien, warmen und trockenen Ort aufgestellt werden und mit einer wasserdichten Welpenunterlage und allem, was sich zum Nestbau eignet (saubere Bettlaken, Handtücher, gewohntes Hundebett …) ausstaffiert sein. Die Hündin braucht Zeit, um sich daran zu gewöhnen, gestaltet das Lager vielleicht um oder sucht sich eventuell sogar eine Alternative, die man akzeptieren sollte, da sich Mutter und Welpen meist problemlos in die Kiste umsiedeln lassen.

Die meist reibungslos verlaufende Geburt (zur Sicherheit die Nummer eines verfügbaren Tierarztes und ein entsprechendes Transportfahrzeug zur Hand haben) dauert 3 bis 12 Stunden. Setzen starke Wehen ein und tritt Fruchtwasser aus, presst die Hündin in der Regel alle 20 bis 30 Minuten, manchmal aber auch mit Pausen von bis zu 2 Stunden einen Welpen in Steißlage heraus, was aber keine Komplikation darstellt. Zwischen den Geburten ruht sich die Hündin aus, möchte fressen oder ihr Geschäft verrichten. Während des ganzen Geburtsvorgangs gilt es, so wenig wie möglich einzugreifen, aber für alle Eventualitäten gerüstet zu sein.

Die Nachgeburtsphase

Wichtig ist, dass 5 bis 15 Minuten nach jedem Welpen immer auch gleich die Plazenta ausgeschieden wird, die die Hündin oft auffrisst. Auch die Nabelschnur beißt sie meist selbst durch, bevor sie die Jungen ableckt und reinigt. Ansonsten kann man sie etwa 3 Zentimeter vom Körper abbinden und mit einer Nagelschere durchschneiden.

33 __ Der gedeckte Tisch

Nur Trockenfutter – geht das?

Das Angebot ist riesig. Begibt man sich in einen Tierfachhandel, so steht man vor meterlangen Regalen, gefüllt mit den verschiedensten Futterangeboten. Trockenfutter, Dosenfutter, TK-Futter, Halbtrocken, Mischfutter und vielem mehr. Das ganze Sortiment ist unterteilt in Welpen, Junghund, Adult und Senior, und dann jeweils noch in sensitiv oder für den robusten Magen oder für den Allergiker. Da kann man schon einmal ratlos werden ob der ganzen Auswahl. Was genau ist denn jetzt das Richtige für mein Tier?

Jeder Hund hat einen bestimmten Energiebedarf, der gedeckt werden muss, um seine biologische Fitness zu erhalten. Hierzu haben wir verschiedene Möglichkeiten, dem Alter entsprechend auf Fertigfutter zuzugreifen oder das Menü für unseren Hund selbst zusammenzustellen. Das Fertigfutter können wir als Trocken- oder Nassfutter in den Napf geben.

Bei jedweder Art des Futters ist es wichtig, dass das Verhältnis zwischen Kohlenhydraten, Fett und Eiweiß stimmt. Fette liefern die Energie, die Proteine liefern die Eiweißbaustoffe für körpereigenes Protein und die Kohlenhydrate die Glykose, die besonders das Gehirn zum Arbeiten braucht. Ebenso wichtig sind Spurenelemente und Vitamine für die Zellfunktion.

Beim Fertigfutter, egal ob trocken oder feucht, können wir davon ausgehen, dass die Zusammensetzung ausgewogen ist. Zur Sicherheit aber immer noch einmal das Kleingedruckte inspizieren. Sollten wir das Futter selbst zusammenstellen, ist es manchmal etwas umständlicher, die einzelnen Futterbestandteile in der richtigen Zusammensetzung in den Napf zu bekommen. Hierbei können auch extra geschulte Hundeernährungsexperten fachlich beraten.

Generell gilt aber immer, sich den Hund genau anzuschauen, um zu prüfen, dass man das richtige Futter gewählt hat. Ist das Fell glänzend? Ist er vital, nicht zu dick, nicht zu dünn? Wie sieht es mit dem Ausschuss aus?

Jeder Hund hat so seine Vorlieben. Die einen sehen es als unter ihrer Würde an, und die anderen stürzen sich förmlich auf ihre Ration Trockenfutter.

34__ Gelber Hund

Gelbe Schleife an der Hundeleine

Wir kennen die gelbe Armbinde mit den drei schwarzen Punkten drauf als Hinweis dafür, dass der Bindenträger in seiner Sehkraft eingeschränkt oder völlig erblindet ist. Hin und wieder begegnen uns auch Hunde mit einem gelben Halstuch, einer gelben Schleife am Halsband oder an der der Leine befestigt. Bei unseren Hunden bedeutet die gelbe Schleife allerdings nicht unbedingt, dass sie in ihrer Sehfähigkeit beeinträchtigt sind.

Die Aktion »Gelber Hund« ist 2012 in Schweden unter dem Namen »Gulahund« gestartet. Eva Oliversson ließ sich hierbei von einer australischen Hundeschule inspirieren, die ihre arbeitenden Hütehunde durch eine gelbe Schleife kennzeichnete, um Störungen zu vermeiden. Die Kampagne ist mittlerweile urheberrechtlich geschützt und gilt als gemeinnützig. Hier in Deutschland wird die Aktion durch den Verein »Gelber Hund und Freunde e.V.« durch Ramona Noack vertreten. Gedanke hinter der gelben Schleife ist es, darauf aufmerksam zu machen, dass der Schleifenträger ein wenig mehr Abstand braucht, um sich wohler zu fühlen. Die Umstände hierfür können von Hund zu Hund unterschiedlich sein, es gibt eine Menge Gründe, einem »Gelben Hund« mehr Abstand zu ermöglichen.

Sie kann darauf hinweisen, so wie es international übrigens auch im Pferdesport gehandhabt wird, dass das Tier mit gelber Schleife Aggressionsverhalten zeigen kann. Oder sie macht darauf aufmerksam, dass der Hund ängstlich ist, sich gerade von einer Krankheit oder Operation erholt oder sich zurzeit in der Läufigkeit befindet. Auch für das Training wird sie genutzt, um ungestört in bestimmten Situationen arbeiten zu können.

Die gelbe Schleife ist quasi wie eine Warnweste zu sehen, die wir tragen, wenn wir uns absichern oder auf uns aufmerksam machen wollen. Gelb ist eine Farbe, die auch schon von Weitem wahrgenommen wird. Wir können unsere persönliche Schleife ganz einfach selber aus einem Stück Tuch oder Band herstellen.

Ein bisschen Abstand
Auch bei Begegnungen mit Hunden ohne Schleife darf man gerne Höflichkeit walten lassen.

35__Geschmackssinn

Sauer, würzig oder fruchtig?

Über Geschmack lässt sich bekanntlich nicht streiten. Deshalb sind die Grundlagen des Geschmacks wie herzhaft, süß, salzig, bitter und sauer genauso wie bei uns auch bei unseren Hunden vorhanden. Allerdings unterscheiden wir uns in der Anzahl der Geschmacksrezeptoren.

Haben wir ganze 9.000 davon, so kommt der Hund gerade mal auf knapp 1.700. Sein Geschmackssinn ist nicht so bedeutend wie der Geruchssinn, mit dem der Hund seine Umwelt wahrnimmt und beurteilt. Er hilft ihm allerdings, unverträgliche und verträgliche Bestandteile der Nahrung zu differenzieren und sogar Vergiftungen zu vermeiden.

Um Geschmäcker zu unterscheiden, sind auf der gesamten Zunge des Hundes – mal geballt, mal weniger geballt – Geschmackspapillen, die die Geschmacksknospen beherbergen, verteilt. Sehr konzentriert sind diese an der Zungenwurzel. Sie können den Speichelfluss anregen, falls etwas wirklich appetitlich ist, oder dem Hund signalisieren, dass es besser wäre, das Futter so schnell wie möglich wieder auszuspucken, um eine Vergiftung zu vermeiden.

Es gibt vier Typen von Geschmackspapillen.

Typ 1 reagiert auf Kohlenhydrate, die wichtig sind, um Energie zu bekommen. Typ 2 reagiert auf alles Saure und Bittere, das vom Hund meistens als unverträgliches Futter eingestuft und ausgespuckt wird. Typ 3 reagiert auf Würziges, Herzhaftes. Er ist bei allen Tieren vorhanden und wird bei den Fleischfressern zur einzigen Geschmacksempfindung. Typ 4 ist für Süßes und Fruchtiges zuständig.

Katzen haben übrigens nur 500 Geschmacksrezeptoren zur Verfügung. Sie können Süßes gar nicht wahrnehmen und Salziges nur sehr gering.

Also, über Geschmack lässt es sich einfach nicht streiten. Der eine hat mehr, der andere weniger. Die Natur hat es so eingerichtet.

36___Gestresster Hund

Stress lass nach!

Als Spezialist mit feinen Sinnen in unserer Menschenwelt zu leben kann manchmal recht anstrengend sein. Sich in unseren Alltag einzugliedern, seinen Platz zu finden und mit unseren menschgemachten Umwelteinflüssen zurechtzukommen, kommt noch zu den Sinnesreizen, die die Natur unserem Hund bietet, hinzu.

Für uns völlig normale Dinge können für den Hund stressig sein. Der laufende Fernseher, sich schnell bewegende Autos, die an ihm vorbeirauschen und Abgase in der Luft hinterlassen, die die Hundenase ganz schön mitnehmen, Baustellenlärm oder viele Menschen, die sich um den Hund in einer belebten Einkaufsstraße herum bewegen. Da diese Dinge für uns völlig normal sind, bemerken wir es oft nicht, wenn unser Hund uns erst ganz fein durch seine Körpersprache zeigt, dass ihn das alles stresst, oder wir deuten seine Signale einfach falsch.

Eines der ersten Anzeichen von Stress oder Nervosität ist zum Beispiel die eingezogene Rute oder das Gähnen. Schüttelt sich der Hund, möchte er bildlich gesprochen diese Situation abschütteln. Ebenso wird bei Stress gehechelt oder sich über das Maul geschleckt. Manche Hunde fangen sogar an, Haare zu verlieren, oder die Haut beginnt spontan zu schuppen. Dieses Schuppen-Phänomen gibt es häufig beim Besuch des Tierarztes.

Um den Stress für den Hund nachhaltig zu verringern, ist es wichtig, die stressauslösenden Ursachen zu kennen, einzuschätzen und eine Erkrankung auszuschließen. Einen entspannteren Umgang mit bestimmten Alltagssituationen kann man durch ein gutes Training Stückchen für Stückchen lernen. Gemeinsam durch stressige Situationen zu gehen, schweißt zudem zusammen und gibt Halt.

Zu Hause sollte der Hund gut zur Ruhe kommen können. In der Regel brauchen Hunde Ruhezeiten von insgesamt 16 bis 18 Stunden pro Tag. Auch ein geregelter Tagesablauf gibt ihnen Orientierung und hilft ihnen zu entspannen.

Stresssymptome
Typische Stressanzeichen sind Hecheln, spontanes Schuppen, Speicheln oder nervöse
Unruhe sowie hin und her Laufen. Auch das Bellen kann ein Anzeichen für Stress sein.

37__Geräuschangst

Wenn Silvester zur Tortur wird

Manchmal passiert es ganz schnell. Uns fällt der Deckel des Kochtopfes auf den Fliesenboden, die Hundepfote war noch dazwischen, und wir fluchen unüberlegt los. Durch ungünstige Umstände kann bei jedem Hund schnell ein erlerntes Geräuschangstproblem entstehen und sich festigen.

Laute Geräusche lösen einen angeborenen Schreckreflex bei unseren Hunden aus. Daher ist die Gefahr groß, dass eine negative Verknüpfung mit einem lauten Knallgeräusch entsteht. Auch uns können laute Geräusche stressen und körperliche Reaktionen, die wir nicht steuern können, hervorrufen. Wir ziehen bildlich gesprochen die Ohren zwischen die Schultern. Trotzdem gewöhnen wir uns an Geräusche, wenn wir regelmäßig damit konfrontiert werden. Ebenso ist es bei unseren Hunden. Wird so ein Geräusch allerdings mit einer starken Angst oder sogar mit einer Schmerzempfindung verknüpft, speichern sie diese Erfahrung sofort im Langzeitgedächtnis ab. Aus verhaltensbiologischer Sicht absolut sinnvoll, da dieses laute Geräusch offenbar Schmerz bedeutet. Je öfter der Hund nun die Erfahrung macht, dass die Angst oder der Schmerz bei bestimmten Geräuschen sehr groß ist, desto größer wird die Gefahr, dass er in Zukunft auch auf andere Geräusche empfindlicher reagiert. War es am Anfang der Silvesterböller oder das Gewitter, so kann die Angst auch auf andere Reize übertragen werden. Es gibt verschiedene Stufen.

Geräuschempfindlichkeit: verstärkte Aufmerksamkeit bei lauten Geräuschen; Geräuschangst: bestimmte Geräusche lösen eine eindeutige Angstreaktion aus; Generalisierte Geräuschangst: Angstreaktion dehnt sich auf andere Geräusche aus, Geräuschphobie: überzogene, völlig unangemessene Reaktion auf Geräusche aller Art.

Vorbeugen kann man am besten, wenn man den Welpen schon früh in einem entspannten Umfeld und im spielerischen Zusammenhang an diverse Geräusche gewöhnt, wenn diese nur als Hintergrundgeräusche auftreten.

38_Halali

Aufbruch zur Jagd

Gerade sind wir noch zusammen ganz entspannt unterwegs, lassen den Alltag hinter uns und atmen tief durch. Da scheint auf einmal beim Hund ein Schalter umgelegt zu werden. Die Ohren sind auf Durchzug geschaltet, und ruckzuck sehen wir ihn am Horizont über Stock und Stein verschwinden. Wie konnte das jetzt passieren? Man hat nichts gehört und nichts gesehen.

Unsere Hunde reagieren auf Außenreize. Das können gewisse Gerüche, eine schnelle Bewegung oder ein spezielles Geräusch sein. Auf einem Spaziergang kann es vorkommen, dass er bereits durch Langeweile oder Hunger in jagdlicher Stimmung ist und sich daher aktiv auf die Suche nach einem Reiz macht, der ihm das Startsignal gibt. Dazu läuft er mit allen Sinnen offen durch die Welt, hebt die Nase in den Wind, schnuppert auf dem Boden, die Ohren sind auf Empfang gestellt, und die Augen scannen die Umgebung ab auf der Suche nach etwas, das spannend sein könnte. Er weiß noch nicht, mit welchem Sinn, ob Sehen, Riechen oder Hören, er die Beute ausmachen wird.

Für einen Sichtjäger kann dieser Reiz zum Beispiel ein davonlaufender Hase, eine Bewegung am Waldrand oder ein umherhüpfender Vogel sein (siehe Kapitel 104). Hunde, die stark auf Geräusche ausgerichtet sind, werden durch das Piepen einer Maus im Mauseloch getriggert oder beim Knacken eines Astes im Unterholz. Bei einem Nasenjäger ist es die Spur eines über den Weg gelaufenen Rehs oder eines Hasen. Findet der Hund den entsprechenden Reiz, so hält er einen Moment inne und richtet sich Richtung Beute aus. Ab hier ist es der angesprochene Sinn, auf den sich der Hund nun konzentriert. Andere Reize aus der Umgebung werden größtenteils ausgeblendet. Wir als Hundehalter leider auch!

Wenn es dann nach der Verfolgungsjagd auch zum Packen der Beute kommt, wird diese erlegt. Dieses Können wurde unseren Hunden in die Wiege gelegt und wird durch Lernen perfektioniert.

Immer dranbleiben

Abstellen können wir den Jagdtrieb des Hundes nicht, aber er ist durch gezieltes Training kontrollierbar.

39___Helfer auf vier Pfoten

Assistenz-, Therapie- und Besuchshunde

Hunde sind nicht nur gut für die Seele; sie können sogar lernen, Menschen mit körperlichen oder psychischen Einschränkungen den Alltag zu erleichtern.

Während Assistenzhunde dafür ausgebildet werden, zum Beispiel fehlende Sinnes- und Körperfunktionen des Menschen auszugleichen und Menschen mit chronischen Erkrankungen vor gefährlichen Veränderungen zu warnen, werden Therapiehunde darauf trainiert, mit ihrem Halter andere Menschen im Rahmen einer tiergestützten Therapie oder medizinischen Behandlung zu unterstützen. Besuchshunde wiederum helfen zum Beispiel in Alters- und Pflegeheimen, in Kindergärten und Schulen soziale Kontakte aufzubauen. Diese Hunde müssen menschenfreundlich und geduldig sein, sich gerne anfassen lassen und über einen guten Grundgehorsam verfügen, bevor sie zusammen mit ihren Haltern zum Besuchshunde- oder Therapiehundeteam ausgebildet werden.

Assistenzhunde werden bei entsprechender Eignung von Trainern für ihren späteren speziellen Einsatz meist 2 bis 3 Jahre ausgebildet und dann »ihren« Menschen als ständige Begleiter vermittelt, um ihnen den Alltag zu erleichtern und zu mehr Selbstständigkeit zu verhelfen. Dabei unterscheidet man zwischen: Blindenführhunden, die blinden oder sehbehinderten Menschen bei der Orientierung im Alltag helfen; Signalhunden, die gehörlosen Menschen akustische Signale und Geräusche mittels Berührungen anzeigen; Servicehunden, die zum Beispiel Rollstuhlfahrer in Sachen Mobilität unterstützen und körperliche Einschränkungen ausgleichen, indem sie unter anderem Türen und Schubladen öffnen, Gegenstände aufheben, Schalter betätigen und so weiter; Vertrauenshunden, die Menschen mit Autismus begleiten und Signal- oder Warnhunden, die bei chronischen Stoffwechselstörungen, bei Angstzuständen oder Anfallsleiden gefährliche Veränderungen riechen, noch bevor ihre Menschen diese selbst bemerken.

Warnfähigkeit

Die Warnfähigkeit, mit der ein Hund zum Beispiel Epileptikern bevorstehende Anfälle anzeigt, muss bereits angeboren sein, aber die Hunde können zusätzlich darauf trainiert werden, im Notfall beispielsweise Hilfe zu holen.

40__Hicksender Hund

Können Tiere Schluckauf haben?

Gerade noch schnell den Futternapf in Windeseile geleert, damit man schnell zum Spaziergang aufbrechen kann, eine schnelle Runde zum Versäubern raus in die Natur, und nun liegt der Hund zufrieden, aber hicksend im Körbchen. Kann das sein oder habe ich mich da verhört? Können Hunde einen Schluckauf bekommen?

Schluckauf gibt es bei nahezu allen Säugetieren, und in den allermeisten Fällen ist er nicht gefährlich. Aus eigener Erfahrung wissen wir aber, dass er ganz schön unangenehm sein kann. Bei Hunden tritt Schluckauf besonders häufig bei Welpen oder Junghunden auf, da sie sich viel zu schnell den Bauch an der Milchbar oder am Futternapf vollschlagen und dabei noch eine Menge Luft mit hinunterschlucken. Aber nicht nur durch das Herunterschlingen der Mahlzeit kann es zum Hicks kommen, auch wenn unsere Hunde aufgeregt sind und schneller atmen.

Der Schluckauf ist ein einfacher Reflex, der durch das plötzliche Verkrampfen des Zwerchfells ausgelöst wird. Das Zwerchfell ist der wichtigste Muskel zur Atmung. Wenn nun durch zu viel Futter und Luft der Magen auf das Zwerchfell drückt, zieht sich dieses reflexartig zusammen, und wir hören das typische Hicks-Geräusch. In der Regel verschwindet der Schluckauf nach ein paar Sekunden oder einigen Minuten wieder.

Wenn man seinen Hund unterstützen möchte, gelten hier die üblichen Dinge, die wir auch tun würden. Ein bisschen Wasser anbieten, ein wenig Ablenkung schaffen und vielleicht eine kleine Runde spazieren gehen. Nur einen der übliche Tricks sollte man bei Hunden bitte nicht anwenden: erschrecken, um ihn von diesem lästigen Hicks zu befreien.

Für Hunde, die ihr Fressen grundsätzlich gerne eher inhalieren, kann ein besonderer Napf, ein sogenannter Anti-Schling-Napf helfen. Sie sind so konstruiert, dass der Hund nur sehr langsam fressen kann und dabei nicht so viel Luft in den Magen gelangt.

Einen Versuch wert?
Eine große Auswahl an Anti-Schling-Näpfen gibt es im Futterfachhandel. Allerdings gibt es wahre Spezialisten unter den Hunden, die schnell raushaben, wie man das Futter auch hier inhaliert.

41___Hundealter

Den natürlichen Logarithmus mit einbeziehen

Hunde werden im Schnitt 10 bis 15 Jahre alt, wobei kleine Hunderassen (bis 15 Kilo) meist länger leben als mittelgroße (15 bis 40 Kilo) oder gar große (über 40 Kilo). Laut Guinnessbuch hat 2023 Bobi, ein portugiesischer Rafeiro de Alentejo, mit 31 Jahren einen Rekord als ältester lebender Hund der Welt aufgestellt.

Da wir Menschen dazu neigen, das eigene Alter mit dem unserer Tiere zu vergleichen, haben Forscher der Universität von Kalifornien unter Einbeziehung der Mechanismen der Epigenetik (wörtlich: zusätzlich zur Genetik) eine neue Methode entwickelt, um das Alter der Hunde in Korrelation zum Menschenalter zu setzen. Zunächst einmal beschreibt die epigenetische Uhr die molekularbiologischen Veränderungen an den Genen der Körperzellen, auf deren Grundlage sich das biologische Alter errechnen lässt. Und diese Uhr tickt für jedes Lebewesen anders. Da aber die Berechnung des Alterungsprozesses des Erbguts mittlerweile durch einen einfachen DNA-Test bei Mensch und Tier möglich ist, ließ sich auch eine neue Gleichung entwickeln, die eben die unterschiedlich schnell tickenden epigenetischen Uhren von Mensch und Hund mit einbeziehet. Dabei wurde zunächst einmal nur die DNA von Labrador-Retrievern zugrunde gelegt.

Wer also jetzt wissen will, wie viele Menschenjahre dem Alter seines Hundes entsprechen, muss den Taschenrechner zücken und folgende Berechnung anstellen: Menschenalter = 16 x ln(Hundealter) + 31. »ln« bedeutet natürlicher Logarithmus. Für einen fünfjährigen Hund bedeutet das 16 x ln(5) + 31 = 56,75 … also fast 57 Menschenjahre. Der natürliche Logarithmus berücksichtigt hier, dass ein Hund zu Beginn seines Lebens schneller altert und sich der Alterungsprozess im Laufe seines Lebens verlangsamt.

Wer einen besonders kleinen Hund hat, darf gerne ein paar Jährchen abziehen, ein sehr großer Hund altert jedoch schneller als mit der Formel berechnet.

Ob der Hund ein hohes Alter erreicht, hängt neben der Größe und Genetik natürlich auch von Haltung, Pflege, Gewicht, Futter, Auslauf und so weiter ab.

42__Hundesalon

Einmal Baden, Trimmen, Föhnen bitte

Auch wenn es in Deutschland keine staatlich anerkannte Ausbildung zum Hundefriseur beziehungsweise zum Pet Groomer gibt, sondern diese allein über private Anbieter erfolgt, sollte ein gut geführter Hundesalon folgende Servicekomponenten anbieten können: fachgerechtes Baden, Fellpflege, Scheren, Trimmen, Ohren- und Augenpflege, Krallen- und Ballenpflege, verschiedene Schnitttypen (Ausarbeitung der Rassemerkmale für Zuchtschauen), Entfilzungstechniken und Beratung bei Fellproblemen. Grundsätzlich sollten Groomer auch den Umgang mit schwierigen Hunden erlernt haben und der Salon mindestens über einen höhenverstellbaren Scher- oder Trimmtisch, eine Hundebadewanne, Schermaschinen und Hundepflegewerkzeug verfügen.

Doch für welche Rassen empfiehlt sich der Besuch im Hundesalon? Das Fell mancher Hunde ist – nicht zuletzt aufgrund der Zucht besonders »kuscheliger« oder einem bestimmten Schönheitsideal entsprechender Tiere – derart pflegeintensiv, dass sie ohne entsprechende Behandlung massive Beeinträchtigungen im Alltag erleiden. Einigen Langhaarhunderassen wurde der jahreszeitlich bedingte Fellwechsel quasi weggezüchtet, daher müssen sie entweder fast täglich aufwendig gebürstet werden oder alternativ eine »modische Kurzhaarfrisur« beziehungsweise manchmal nur einen »Sommerhaarschnitt« verpasst bekommen.

Hunde, die mehr als eine Fellschicht haben, sollten wiederum nicht geschoren, sondern nur getrimmt werden. Bei Drahthaarhunderassen verbleibt das alte, abgestorbene Haar häufig noch locker in der Haut und führt zu Juckreiz, wenn es nicht aus der Haut gezupft beziehungsweise getrimmt wird. Je nach Rasse verfilzt die tote Unterwolle regelrecht, was zu massiven Hautproblemen und Parasitenbefall führen kann, wenn sie nicht regelmäßig entfernt und ausgekämmt wird.

Vor allem aber sollte die professionelle Fellpflege immer dem Tierwohl dienen.

Früh übt sich
Den Besuch im Hundesalon sollte man am besten bereits ab dem Welpenalter spielerisch
üben, damit die Hunde auch in der ungewohnten Umgebung beim Baden und auf dem
Trimmtisch entspannt sind.

43__Hundesteuer

Wenn der Fiskus die Hand aufhält

Bereits im 15. Jahrhundert mussten Bauern für ihre Hunde ein soge-nanntes »Hundekorn« an ihre Lehnsherren zahlen. Eine Abgabe, die für lange Zeit wieder verschwand, bevor 1807 nach britischem und dänischem Vorbild auch in Offenburg am Main zum ersten Mal eine Luxusabgabe für Hunde in Form von einem Reichstaler pro Jahr zur Deckung der Kriegsschulden erhoben wurde. Damit war die örtliche Hundesteuer geboren, die bis heute unter anderem die Zahl der Hunde möglichst niedrig halten und sicherstellen soll, dass Hundebesitzer für den Unterhalt ihres Tieres aufkommen können. Zur Dokumentation der bezahlten Steuer hängte man den Hun-den schon sehr früh Blechmarken um den Hals. 1829 wurde gar die staatliche Berechtigung für eine allgemeine, von den Kommunen erhobene Hundesteuer erteilt. Waren früher vor allem Königshäuser, Jäger, Schäfer, Feld- und Nachtwächter von der Steuerpflicht ausge-nommen, sind heute in erster Linie Rettungs- und Assistenzhunde von der Steuer befreit. Auch die gewerbliche Hundehaltung – zum Beispiel in der Zucht, in der Jagd und im Herdenschutz – ist von der Steuer ausgenommen. Hunde aus dem Tierschutz sind je nach Kommune ebenfalls bis zu fünf Jahre von der Steuer befreit.

Wer wissen will, wie viel Steuer er für seinen Hund bezahlen muss, wirft am besten einen Blick in die aktuelle Hundesteuersat-zung seines Wohnortes, denn die Höhe der Abgabe variiert innerhalb von Deutschland ganz erheblich. Zweit- und Dritthunde werden als erhöhter Luxus gemeinhin höher besteuert, genau wie Listenhunde (siehe Kapitel 62), für die oft ein Vielfaches der normalen Hunde-steuer fällig wird.

Wer in Deutschland einen Hund besitzt, muss ihn ab dem dritten Lebensmonat zur Erhebung der Steuer an seinem Wohnort anmel-den. Ein Verstoß gegen die vielerorts streng kontrollierte Melde-pflicht wird als Ordnungswidrigkeit geahndet und mit einem hohen Bußgeld belegt.

Mit 186 Euro wurde 2022 in Deutschland die höchste Hundesteuer in Mainz fällig, während man in Weimar nur 60 Euro verlangte. Spitzenreiter für Listenhunde war mit 900 Euro die Stadt Frankfurt, drei Gemeinden erheben mittlerweile gar keine Hundesteuer mehr. 2021 brachten die Hundesteuereinnahmen dem Staat 401 Millionen Euro ein.

44 Hundetagesstätten

Von Hutas, Hundepensionen und Dogwalkern

Inzwischen leben in Deutschland in mehr als 9 Prozent aller Haushalte ein oder mehrere Hunde. Vor allem berufstätige Hundehalter sind häufig darauf angewiesen, ihre Tiere zeitweise, im Urlaub oder sogar täglich für gewisse Stunden betreuen zu lassen. Hutas und Hundepensionen vermitteln Sozialkontakt zu Artgenossen, sollten viel Freiraum zum Toben und Spielen im kleinen Rudel bieten, aber auch Rückzugsmöglichkeiten und eine sorgfältige Betreuung von geschultem Personal. In den Hutas sind die Öffnungszeiten häufig den normalen Arbeitstagen angepasst, denn ihr Angebot richtet sich hauptsächlich an berufstätige Hundehalter, die Job und Hund unter einen Hut bringen möchten, was den Vorteil hat, dass sich die betreuten Hunde häufig sehen und die Gruppen stabil sind.

Hundepensionen oder Hundehotels nehmen Hunde meist nur für einen bestimmten Zeitraum auf, zum Beispiel, wenn man ohne Hund verreisen will oder ins Krankenhaus muss. Dogwalker bieten neben Hol- und Bringservice eine stundenweise Betreuung für Hunde an, um das tägliche Bewegungsprogramm der Tiere zu gewährleisten. Sie führen die Hunde meist in kleinen Gruppen von 4 bis 8 Tieren aus, was voraussetzt, dass die Hunde bereits recht gut sozialisiert sind. In allen Fällen wird vom Halter verlangt, dass der Hund über eine Haftpflichtversicherung verfügt, einen aktuellen Impfstatus und einen Floh- und Zeckenschutz hat und regelmäßig entwurmt wird. Manche Pensionen nehmen keine läufigen Hündinnen, unkastrierte Rüden oder Listenhunde auf. Oft werden neben der Hundebetreuung auch Hundetraining, ein Wellnessbereich, Physiotherapie und Ähnliches geboten. Die Gewerbeerlaubnis für die Betriebe setzt unter anderem einen Sachkundenachweis und eine Abnahme durch das Veterinäramt voraus.

Entscheidend ist am Ende aber, dass sich die Hunde in der Gruppe wohlfühlen und eine zuverlässige, individuelle und kompetente Betreuung erfahren.

Die richtige Entscheidung?
Immer sollten zunächst Probetage vereinbart werden, um den Hund langsam an die Gruppe und den veränderten Tagesablauf zu gewöhnen. Gleichzeitig darf die Bindung zum eigenen Tier nicht verloren gehen, und die gemeinsame Zeit sollte aktiv für Ausgleich, Training, Spiel und Spaß genutzt werden.

45 Hundetraining

Von der Suche nach einem guten Trainer

Hat man eine Frage, bekommt man auf der Hundewiese zehn verschiedene Antworten. Jeder hat eine andere Meinung zum Thema Hundeerziehung und tut diese Meinung schon mal auch ungefragt kund. Das kann einen so manches Mal verunsichern, und man sieht den Wald vor lauter Bäumen nicht mehr. Denn was bei dem einen funktioniert, ist nicht automatisch auf jedes Hund-Mensch-Team anwendbar.

Wer sich heute Hundetrainer nennen möchte, beziehungsweise Menschen mit Hund gewerblich ausbildet, muss hierzu laut Gesetz ein Mindestmaß an Sachkunde nachweisen. Allerdings wurde bei dem guten Gedanken, hier einen klaren Rahmen zu schaffen, nicht genau definiert, was nun ein Mindestmaß an Sachkunde bedeutet. Es obliegt den Veterinärämtern der Städte und Gemeinden, nach Paragraf 11 Absatz f des Tierschutzgesetzes zu beurteilen, ob ein Trainer dieses Mindestmaß an Sachkunde erfüllt.

Zu Beginn des Trainings sollte die Möglichkeit eines ausführlichen Beratungsgespräches bestehen, um die aktuelle Situation zu analysieren, Ziele für das Training zu formulieren und die daraus resultierenden Trainingsschritte klar strukturiert und nachvollziehbar aufzeigen zu können. Dabei ist es gut, wenn der Trainer in der Lage ist, den Hund und den Menschen gleichermaßen empathisch an dem Punkt abzuholen, an dem das Team gerade steht. Ob Einzelstunden oder Gruppenstunden die bessere Alternative für das Team sind, kommt auf das Trainingsziel an und wird durch den Trainer eingeschätzt. Die Gruppenstunden sollten nicht überlaufen sein, damit genügend Zeit für jeden Teilnehmer ist, der Rahmen des Trainings überschaubar bleibt und die Hunde nicht überfordert werden. Ebenso sollte Training im geschützten Bereich wie auch außerhalb des Geländes auf dem Stundenplan stehen, um die gelernten Dinge generalisieren zu können. Neben der fachlichen Komponente ist es ebenso wichtig, dass die Chemie zwischen allen Beteiligten stimmt.

Bauchgefühl zählt

Vielleicht sieht man ja den Nachbarn als umsichtiges Team zusammen mit seinem Hund durch die Gegend ziehen. Einfach mal nett nachfragen, in welcher Hundeschule er denn war.

46 Hütehunde

Eine Herde für den Hund

Die Geschichte der Hütehunde ist so lang wie die menschliche Nutztierhaltung. Noch in der Steinzeit begannen Menschen, Schafe und Ziegen zu halten, und trieben parallel die Domestizierung der Hunde so weit voran, dass diese ihre Herden beschützten und hüteten. Aus diesen Anfängen entwickelten sich im Laufe der Zeit wahre Arbeitshundespezialisten, die unter dem Oberbegriff Herdengebrauchshunde zusammengefasst und in folgende Untergruppen unterteilt werden: Schäferhunde, Koppelgebrauchshunde, Treibhunde und Herdenschutzhunde.

Schäfer- oder Hirtenhunde (etwa Australian Shepherds) unterstützen vor allem Wanderschäfer beim Zusammenhalten und Treiben, indem sie um die Herde patrouillieren und Ausreißer zurücktreiben. Je nach Rasse beschützen sie die Herde auf Anweisung des Schäfers auch vor äußeren Einflüssen. Bei der Arbeit müssen sie aufs Wort oder Signal gehorchen und beim Treiben und Hüten selbstständig und ausdauernd agieren.

Koppelgebrauchshunde (zum Beispiel Border Collies) arbeiten schnell und wendig auf Distanz, häufig in geduckter Haltung und mit drohend starrem Blick, um auf Anweisung Herden zu bewegen, in Pferche zu treiben oder einzelne Tiere auszusondern.

Treibhunde (dazu gehören Sennenhunde und Australian Cattledogs) treiben meist als Meute Großvieh mit Gebell voran und unterstützen somit häufig berittene Hirten. Um die Herde seitlich zu begrenzen und von hinten, auch mit kleinen Bissen, vorwärtszutreiben, ist zwar Teamarbeit unumgänglich, darüber hinaus sollen Treibhunde aber auch selbstständige Entscheidungen treffen können.

Herdenschutzhunderassen (Molosser und Mastiffs) sind in der Regel groß und schwer, um mit ihrer imposanten Erscheinung und mit ihrem furchteinflößenden Gebell die Herden in Eigenregie ohne Anweisung des Schäfers selbstbewusst zu schützen und Eindringlinge in die Flucht zu schlagen oder anzugreifen.

Sehnsucht nach der Herde
Wer sich einen Hütehund anschaffen möchte, sollte sich schon im Vorfeld mit der Spezialisierung, dem Territorialverhalten, dem Schutzinstinkt und dem generellen Charakter der verschiedenen Rassen auseinandersetzen.

47__Hybridhunderassen

Vom Retromops bis zum foxgedackelten Schäferhund

Goldendoodle (Golden Retriever x Pudel), Schnoodle (Schnauzer x Pudel), Aussiedoodle (Australien Shephard x Pudel), Doxiepoo (Dackel x Pudel), Cockapoo (Cockerspaniel x Pudel) Puggle (Mops x Beagle), Buggle (English Bulldog x Beagle), Retromops (Mops x Parson Russell Terrier), Chiweenie (Chihuahua x Dackel) – und die Liste wird immer länger, denn Hybridhunde, abgeleitet vom lateinischen *hybrida* für zweierlei Herkunft, sind in! Sprach man früher von einem Unfall, wenn sich eine Rassehündin ihren Partner selbst aussuchte, spricht man heute von gezielter Rassemischung oder eben auch von Designerhunden, deren Nachfrage und damit auch ihr Preis stetig steigen. Im Unterschied zu Mischlingen werden hier gezielt zwei Rassen verpaart, um ihre Wesens- und Erscheinungsmerkmale miteinander zu kombinieren.

Das allein ist gar nicht so neu, denn schon Konrad Lorenz führte Studien an Chow-Schäferhund-Mischlingen durch und unterstützte die Entstehung des Eurasiers (seit 1973 von der FCI anerkannt), dessen Zucht 1960 mit Kreuzungen von Wolfsspitz-Hündinnen und Chow-Chow-Rüden begann, in deren Nachzucht später Samojeden eingekreuzt wurden. Neu ist, dass meist gar kein Zuchtprogramm für Hybridrassen angestrebt wird, sondern jeweils nur die erste Generation der ursprünglichen Rassen vermarktet wird. Ein Cockapoo stammt also immer von einem Cockerspaniel und einem Pudel ab und variiert daher, genau wie die anderen Designerhunde, stark im Aussehen. Die beliebten Labradoodle sind immer Kreuzungen aus Labrador-Retrievern und Großpudeln und damit ebenfalls Hybridhunde, auch wenn auf dieser Basis inzwischen eine neue eigenständige Rasse etabliert werden soll.

Tatsächlich sind Anpaarungen mit Pudeln besonders beliebt, da man dadurch nichthaarende Hunde züchten möchte, die auch für Allergiker geeignet sind. Setzen sich jedoch die Gene des jeweiligen Partners durch, haaren diese Hunde trotzdem.

Labradoodle
Die ersten Labradoodle wurden in den 1980er Jahren von dem Australier Wally Conron gezüchtet, der Labradore als Blindenhunde ausbildete und nach einer Möglichkeit suchte, seine Hunde auch Allergikern anbieten zu können.

48 Impfungen
Wann, wozu, wogegen?

Da das Thema Impfen von Hundehaltern und Experten seit Jahren immer kontroverser diskutiert wird, sollen im Folgenden lediglich Möglichkeiten des Impfschutzes für Hunde aufgezeigt werden, wobei für Reisen ins EU-Ausland immer eine gültige, mindestens 21 Tage alte Tollwutimpfung nötig ist, die spätestens alle drei Jahre aufgefrischt werden muss. Welpen können ab der 12. Woche gegen Tollwut geimpft werden und daher erst ab der 15. Woche in ein anderes EU-Land reisen.

Apropos Welpen: Da ab der 8. Lebenswoche der Schutz durch die mütterlichen Antikörper langsam erlischt, lassen Züchter ihre Welpen dann normalerweise bereits mit einer Kombiimpfung gegen die lebensgefährlichen Krankheiten Parvovirose, Staupe, Hepatitis und Leptospirose immunisieren. Die Ständige Impfkommission Veterinärmedizin (STIKo Vet) empfiehlt, Hunde immer vor Parvovirose, Staupe und Leptospirose zu schützen und zur vollständigen Grundimmunisierung in der 8., 12. und 16. Lebenswoche und nach 15 Monaten zu impfen. Danach sollte dann alle drei Jahre die Impfung gegen Parvovirose und Staupe sowie jährlich gegen die auch auf den Menschen übertragbare Hundeseuche Leptospirose wiederholt werden. Des Weiteren empfiehlt die STIKo Vet individuell (je nach Alter des Hundes, Lebensraum, Infektionsrisiko, aktueller Seuchenlage) abzuklären, ob sich etwa Impfungen gegen Hepatitis, Zwingerhusten, Borreliose, Leishmaniose oder gegen Pilzinfektionen empfehlen.

Akut kranke, verwurmte oder verflohte Hunde dürfen grundsätzlich nicht geimpft werden. Generell birgt natürlich jede Impfung das Risiko von Nebenwirkungen beziehungsweise von allergischen Reaktionen auf Bestandteile der enthaltenen Stoffe. Meist sind es zum Glück jedoch nur harmlose Symptome wie Schwellungen, Rötungen und Schmerzen an der Impfstelle, Abgeschlagenheit, Appetitlosigkeit und leichtes Fieber, die spätestens nach 2 bis 3 Tagen wieder abklingen.

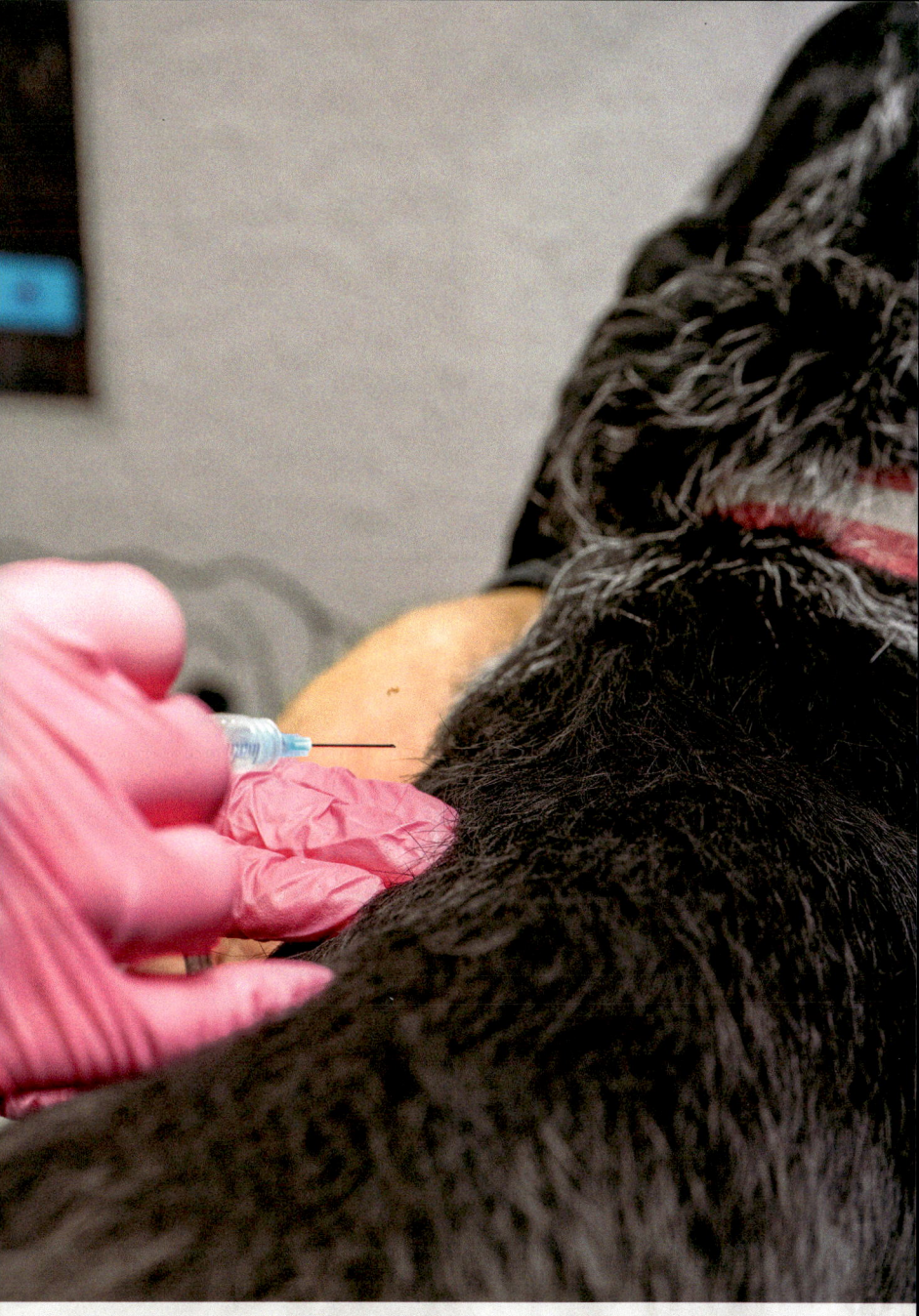

Titertest
Um bei abweichenden Impfintervallen sicherzugehen, dass der Hund noch ausreichend geschützt ist, lassen sich mit Labortests die Titer von Staupe, Parvovirose, Hepatitis und Tollwut bestimmen.

49__Impulskontrolle
Selbstbeherrschung und Frustrationstoleranz

Abwarten ist nicht seine größte Stärke. Ständig hibbelt er herum und kommt einfach nicht zur Ruhe. Jedes Geräusch, jede Bewegung ruft ihn sofort wieder auf den Plan. Einem Bedürfnis nicht sofort nachzugeben, seine Gefühle unter Kontrolle zu haben, scheint manchmal unmöglich. Bei uns als Menschen würden wir davon sprechen, nicht unbedingt der Beste im Thema Selbstbeherrschung zu sein. Bei unseren Hunden sprechen wir von Impulskontrolle.

Die Fähigkeit, seine Impulse zu kontrollieren, wird dem Hund einerseits mit in die Wiege gelegt und kann anderseits durch Training verbessert und weiter ausgebaut werden. Wie bei uns Menschen gibt es hektische und ganz entspannte Typen. Impulskontrolle fängt allerdings nicht erst an, wenn der Hase über das Feld läuft, sondern schon viel früher in kleinen alltäglichen Situationen, sei es das Warten, bis es endlich losgeht zum Spaziergang, das Aussteigen aus dem Auto, nicht sofort auf jeden anderen Hund zuzurennen, Menschen nicht anzuspringen oder auch entspannt an der Leine zu laufen. Die Liste ist unendlich fortführbar und die Möglichkeiten des Trainings groß.

Wenn die Versuchung im ersten Moment groß ist, dem über das Feld flüchtenden Hasen zu folgen, aber der Hund in dieser Situation in der Lage ist, sich selbst zurückzunehmen, dann kann man von einer guten Impulskontrolle sprechen. Natürlich kann hier Frust entstehen, wenn man seinem inneren Drang nicht so nachgehen kann, wie man es gerne möchte.

Die Fähigkeit, mit diesem Gefühl umzugehen, wenn eine Erwartung nicht erfüllt wird, ist noch einmal eine ganz andere Sache. Frustrationstoleranz kann erlernt werden, hängt aber auch von konstitutionellen Gegebenheiten ab. Habe ich gerade Hunger, ist meine Geduld, bis es was zu essen gibt, wahrscheinlich etwas geringer, als wenn ich mir gerade den Bauch vollgeschlagen habe und auf den Nachtisch warte.

Kleine Schritte führen zum Ziel
Frust ertragen lernen ist so, als würde man den Bremsbelag am Auto Schicht für Schicht aufbauen.

50 Intelligenz der Hunde

Schlauer Pudel – doofer Mops

Ohne in einen Diskurs über Intelligenz einsteigen zu wollen, ist es wichtig, bei Hunden zwischen allgemeiner und spezifischer Intelligenz zu unterscheiden. Denn je nach Veranlagung und Rasse gibt es Tiere, die scheinbar mühelos alles lernen können, während andere von Vornherein ganz besondere Fähigkeiten mitbringen. Australian Cattle Dogs etwa ist das Treiben von Rindern angeboren, hingegen wird man sie nicht zu Jagdhunden ausbilden können, während viele Jagdhunderassen auch ohne Ausbildung Wild markieren. Neben der spezifischen Intelligenz unterscheidet man bei Hunden zwischen adaptiver und instinktiver Intelligenz sowie zwischen Arbeits- und Gehorsamsintelligenz.

Unter adaptiver Intelligenz versteht man, wie effizient ein Hund lernt und Probleme löst, ob er Gelerntes auch auf andere Situationen übertragen kann und über ein gewisses Maß an Selbstreflexion verfügt. Dies darf jedoch nicht mit der Fähigkeit verwechselt werden, auf Anweisungen des Menschen komplexe Aufgaben zu erfüllen oder Befehle schnell zu verstehen und umzusetzen. Diese Arbeits- und Gehorsamsintelligenz machen wir uns wiederum in der Ausbildung zu Blinden-, Hirten-, Such- und Rettungshunden zunutze. Besonders intelligente Tiere begreifen schnell, welches Verhalten auf einen bestimmten Befehl hin erwartet wird, allerdings nur, wenn sie auch über eine hohe Bereitschaft beziehungsweise den Gehorsam verfügen, auf Anleitung erlernte Tätigkeiten abrufbar zu demonstrieren. Die adaptive Intelligenz zeigt also, was der Hund für sich selbst tut, während die Gehorsamsintelligenz zeigt, was der Hund für den Menschen leistet.

Einen Großteil seiner Fähigkeiten verdankt der Hund jedoch seinem Genpool und der selektiven Zucht, denn die als instinktive Intelligenz bezeichneten Reaktionsmuster, zum Beispiel die Veranlagung zum Apportieren, Bellen oder Hüten sind genetisch festgelegt und werden weitervererbt.

Intelligentes Rindertreiben

Australian Cattle Dogs bellen im Gegensatz zu anderen Hütehunden wenig, daher werden sie zum Treiben von Rindern eingesetzt. Sie nähern sich einem Rind instinktiv lautlos von hinten und fassen das Hinterbein, auf dem das Gewicht ruht. Unmittelbar nach dem Zufassen legen sie sich flach hin, um einem möglichen Tritt des Rinds auszuweichen.

51__IQ-Tests für Hunde
Wie schlau ist mein Hund?

Wer wissen will, wie es um die adaptive Intelligenz, also um das Wissen und die Fähigkeiten, die ein Tier erlernen kann, bestellt ist, kann seinen Hund mit verschiedenen Tests auf die Probe stellen. Im Gegensatz zu standarisierten Tests, die Verhaltensforschern allgemeine Aussagen über die Intelligenz verschiedener Hunderassen ermöglichen, sollte im privaten Bereich natürlich der Spaß und das Miteinander im Vordergrund stehen. Zum Vergleich kann man aber durchaus spielerische Tests mit Freunden und deren Hunden gemeinsam durchführen.

Ein Test zur Fähigkeit der Problemlösung ist zum Beispiel, dem Hund ein Leckerli zeigen, dieses dann mit einer leeren Dose oder (etwas schwieriger) mit einem Tuch abdecken und die Zeit messen, die der Hund braucht, um an die Belohnung zu kommen. Oder man wirft dem Hund eine Decke über, sodass auch der Kopf bedeckt ist, und stoppt die Zeit, die er braucht, um sich zu befreien. Besonders schlaue Hunde brauchen dafür keine 15 Sekunden.

Auch Kurz- und Langzeitgedächtnis lassen sich testen. Lassen Sie den Hund zusehen, wie Sie ein möglichst recht geruchsneutrales Leckerli in seiner gewohnten Umgebung (zum Beispiel in einer Zimmerecke) verstecken. Führen Sie den Hund aus dem Raum, warten Sie kurz und kehren Sie dann mit ihm in den Raum zurück. Geht der Hund sofort auf den Leckerbissen zu, spricht das für ein sehr gutes Kurzzeitgedächtnis. Je länger sich der Zeitraum zwischen Verstecken und dem zügigen Ansteuern der Belohnung ausdehnen lässt, desto besser ist es auch um sein Langzeitgedächtnis bestellt.

Um die Problemlösungsfähigkeit seines Hundes zu testen, bedarf es meist eines kleines Aufbaus. Zeigen Sie Ihrem Hund einen Leckerbissen und legen Sie ihn anschließend so hin, dass er ihn sehen kann, aber nicht mit der Schnauze, sondern nur mit den Pfoten drankommt oder gar etwas dafür aus dem Weg räumen oder wegschieben muss.

Smart spielen
Inzwischen kann man auch verschiedene Intelligenzspiele für Hunde kaufen, zum Beispiel sogenannte Snackbälle, aus denen Leckerlis nur herausfallen, wenn der Hund den Ball mit der Schnauze rollt, oder Puzzle-Spielzeug, bei dem Steine zur Seite geschoben werden müssen, um an die Belohnung zu kommen.

52 Das Jacobsonsche-Organ
Bloggen am Laternenpfahl

Einmal am Laternenpfahl hoch und runter riechen, zwei Schritte nach vorne gehen, das Bein heben und selbst schnell eine Nachricht für die, die da noch kommen werden, hinterlassen. Manch ein Hund scheint ein wahrer Meister im Bloggen zu sein. Kein Briefkasten, keine Hausecke wird verschont. Was uns wie eine Nebensächlichkeit erscheint, ist für unsere Hunde sehr informativ. Sie bekommen Infos darüber, wer gerade hier war, wie lange das her ist und wie denn so die hormonelle Gestimmtheit war. Gab es Stress, war der Blogger am Laternenpfahl tiefenentspannt oder gibt es hier womöglich eine Einladung zu einem Date?

Die geruchliche Kommunikation der Hunde, auch das Schmecken der Gerüche ist für uns schwer nachvollziehbar. Hier werden Duftstoffe, Drüsensekrete und Pheromone hinterlassen. Pheromone sind Botenstoffe, die einiges über das Gegenüber verraten. Sie können zum Beispiel darüber Auskunft geben, ob man zum Bestbuddy wird oder wie es zurzeit mit der Paarungsbereitschaft aussieht und ob die Möglichkeit groß ist, das »Perfect Match« zu werden.

Unsere Hunde können nicht nur durch die Nase Düfte aufnehmen, sondern auch durch ein bestimmtes Riechorgan, das Jacobsonsche-Organ. Dieses finden wir hinter den oberen Schneidezähnen an ihrem Gaumen. Anders als beim Riechen werden im Jacobsonschen-Organ die Pheromone sofort, ohne Umweg durch die Nase, an das limbische System weitergeleitet. Hier entsteht zu dem Geruch direkt eine Emotion. Wir kennen es vielleicht von Pferden, wenn sie deutlich ihre Oberlippe ganz weit nach oben ziehen. Bei unseren Hunden kann es vorkommen, dass sie mit den Zähnen klappern oder in die Luft zu beißen scheinen, wenn das Jacobsonsche-Organ seinen Betrieb aufnimmt.

Vielleicht können wir es mit dem Gefühl vergleichen, wenn wir einen frischen Apfelkuchen riechen und uns emotional wieder in Omas Küche zurückversetzt wiederfinden.

Zähne zeigen

Bei Pferden können wir das Jacobsonsche-Organ ganz besonders gut beobachten, wenn sie ihre Oberlippe ganz weit nach oben ziehen.

53__Jagdverhalten

Warum jagt mein Hund, er ist doch satt!

Blickt man einem Hund ins Gesicht, wenn er gerade von der Jagd zurückkommt, schaut er leicht verklärt, er hat ein breites »Grinsen« im Gesicht, und die Zunge hängt ihm so tief aus dem Maul, dass er bald drauftritt. Wir können sein Glück fast greifen, und von einem schlechten Gewissen ist bei ihm keine Spur zu erkennen. Unsere Hunde müssen keine Beute gemacht haben, um dieses Glück zu empfinden. Allein das Hetzen und Nachstellen versetzt sie in einen fast rauschähnlichen Zustand. Jagen ist ein selbstbelohnendes Verhalten, ein innerer Antrieb, dem Ruf der Wildnis zu folgen (siehe Kapitel 79).

Schuld hieran ist ein wahrer Hormoncocktail, der während der Jagd in bestimmten Regionen des Gehirns ausgeschüttet wird. Hauptsächlich das Dopamin. Das wird vom Hund als sehr angenehm empfunden und sorgt dafür, dass Müdigkeit, Durst, Hunger und sogar Schmerzen nicht mehr wahrgenommen werden. Genauso wenig wie er seine Umwelt bei der Jagd wahrnimmt, da alles auf die Beute fokussiert wird. Wir können es am ehesten mit unserem Gefühl der Verliebtheit vergleichen. Andere Personen werden auf einmal ausgeblendet, es zählt nur noch die eine, und wir scheinen auf Wolken zu schweben, alles ist rosarot, die Vernunft ist ausgeschaltet.

Wie viele Dornen haben wir unserem Hund schon aus dem Fell gezupft, wie viele Schrammen haben wir nach einer wilden Hatz verbunden, wobei er doch sonst bei der kleinsten Kleinigkeit sofort wehleidig klagt. Wenn er bei der nächsten Möglichkeit wieder zum Halali bläst und in den Busch springt, ist das alles wieder vergessen. Dann zählt wieder nur die Jagd nach dem großen Gefühl. Es ist nicht der Hunger, der unsere Hunde antreibt, Jagen macht Spaß, und es ist für unsere Hunde erstrebenswert!

Es ist von der Natur gegeben, und wir können es nicht abstellen, bestenfalls können wir es kontrollieren, durch gutes Training in realistischen Situationen.

Unkontrolliertes Jagen ist eines der am häufigsten auftretenden Probleme im Zusammenleben mit Hund und bedeutet oft Leidensdruck an beiden Enden der Leine.

54_Jagen und Aggression
Hat beides etwas miteinander zu tun?

Im halsbrecherischen Tempo jagt der Hund über das Feld. Der Abstand zwischen dem Hasen und ihm wird immer geringer. Er bekommt den Hasen zu packen, dieser rolliert noch einmal, und schon hat der Hund ihn im Nacken gepackt und schüttelt ihn tot. Es ist kein schöner Anblick, wenn der Hund sich ein Stück Wild packt, es hat etwas Rohes, Brutales an sich. Wie kann der Hund, der abends so nett mit uns auf der Couch liegt, so sanft mit mir umgeht, so etwas tun? Es scheint, als hätte man zwei Persönlichkeiten in einem Tier vereint.

Oft wird das Beutefangverhalten unseres Hundes mit Aggression verwechselt. Aber ist das wirklich dasselbe? Nein, das Beutefangverhalten hat nichts mit Aggression zu tun, und wir haben auch keinen aggressiven Hund auf der Couch sitzen, wenn er gejagt hat. Am einfachsten lässt es sich durch die Betrachtung über die Distanz erklären. Geht mein Hund jagen, wünscht er sich möglichst eine Distanzverringerung zum Objekt der Begierde. Beim Aggressionsverhalten unserer Hunde geht es um einen größtmöglichen Abstand zu seinem Gegenüber, um Beschädigungen zu vermeiden.

Ebenso werden Beutefangverhalten und Aggression zwei völlig anderen Funktionskreisen in der Verhaltensbiologie zugeordnet. Einmal dem stoffwechselbedingten Verhalten und zum anderen dem Schutz der Gruppe und des Individuums. Sie werden durch verschiedene Auslöser getriggert und betreffen unterschiedliche Regionen im Hundegehirn. Ein jagender Hund ist weder wütend noch aggressiv. Wenn wir schauen, was Jagdverhalten auslöst, dann ist es eine schnelle Bewegung, ein Geräusch oder ein besonderer Geruch. Es wird ein Schalter umgelegt und sofort mit voller Intensität durchgestartet. Bei der Aggression ist es eher eine langsam eskalierende Erregung des Hundes. Ein Taxieren des anderen, bis sich einer zurücknimmt oder bis es im schlimmsten Fall zum Beschädigungsbeißen kommt.

»Mit Beute wird nicht kommuniziert!«
Jagen gehört nicht zum Sozialverhalten unserer Hunde, sondern zum stoffwechselbedingten
Verhalten. Sind Hunde hingegen aggressiv, so kommunizieren sie mit ihrem Gegenüber.

55__Kennzeichnungspflicht

Sind sie nicht alle einzigartig?

Auch wenn unsere Hunde vielfältige, absolut individuelle Merkmale aufweisen, reichen diese zur Identifizierung meist nicht aus, zum Beispiel, wenn das Tier entlaufen ist. Dennoch gibt es in Deutschland im Gegensatz zu quasi all unseren Nachbarländern immer noch keine einheitliche Pflicht, Hunde unverwechselbar zu kennzeichnen und dadurch offiziell zu registrieren. Bislang haben die Bundesländer und/oder die Kommunen eigene Regeln und Vorschriften eingeführt; nur für die Reise in ein anderes EU-Land ist die Kennzeichnung per Mikrochip zwingend erforderlich.

Der reiskorngroße Transponder, der lediglich einen 15-stelligen Zahlencode enthält (von dem die ersten drei Ziffern für das Herkunftsland Deutschland stehen), wird den Hunden von Tierärzten per Spritze unter die Haut auf der linken Halsseite implantiert. Mit einem speziellen Transponder-Lesegerät lässt sich dieser Zahlencode dann ein Hundeleben lang auslesen und mit einem Register abgleichen. Gäbe es das längst geforderte einheitliche, nationale Register, könnte man entlaufene Hunde jederzeit wieder ihrem Halter zuordnen und so die Tierheime entlasten, bei denen die durchschnittliche Verweildauer von Fundtieren immer noch 12 Tage beträgt.

Auch werden in Ländern mit Registrierungspflicht deutlich weniger Hunde ausgesetzt, und es lässt sich illegaler Welpenhandel effektiver bekämpfen, denn diese Pflicht zur Kennzeichnung beginnt bereits beim Züchter beziehungsweise beim Händler.

In Deutschland können Hunde freiwillig und kostenlos beim Tierregister Tasso e.V. oder im Findefix-Register des Deutschen Tierschutzbundes registriert werden, nur Niedersachsen schreibt derzeit eine Registrierung in einem eigenen Zentralregister vor, das jedoch darüber gleichzeitig auch Daten zur Gefährlichkeit bestimmter Hunderassen erhebt und damit in die Kritik der Öffentlichkeit geraten ist.

Check my Chip
Wer wissen will, ob sein Hund bereits registriert ist, kann unter www.registrier-dein-tier.de eine kostenlose Mikrochip-Nummer-Abfrage starten.

56 Klassische Konditionierung

Herr Pawlow

Weht uns ein Luftzug ins Auge, schließen wir sie automatisch, riechen wir frisches Brot, so läuft dem einen oder anderen schon das Wasser im Munde zusammen, leuchtet uns eine Taschenlampe in die Augen, so ziehen sich unsere Pupillen zusammen. Ein Reiz wie ein Luftzug, ein Geruch oder helles Licht lösen bei uns wie auch bei unseren Hunden automatisch Reflexe aus. Das mussten wir nicht lernen, diese Reaktionen wurden uns in die Wiege gelegt, um uns zu schützen, unsere biologische Fitness zu erhalten und einigermaßen unbeschadet voranzukommen.

Genau diese Reflexe hat der Verhaltensforscher Pawlow unter die Lupe genommen. Er hat sich die Frage gestellt, ob es möglich ist, solch einen Reflex oder solch eine Reaktion auch durch einen völlig neutralen Reiz auszulösen. Jeder Hundehalter kennt es, sobald wir die Futterschüssel in der Hand haben, werden die Sabberfäden, die von den Lefzen unserer Hunde herunterhängen, immer länger. Manch ein Hund fängt bereits an zu speicheln, sobald wir uns zur passenden Zeit Richtung Futtersack bewegen. Er weiß, jetzt gleich gibt es was zu fressen, und die Verdauungssäfte bereiten sich schon einmal vor. Dafür kann der Hund nichts, er kann es nicht beeinflussen.

Diese Reaktion würden wir niemals durch das schnöde Läuten einer Glocke erreichen. Allerdings können wir beides miteinander verbinden. Immer dann, wenn wir unserem Hund den Futternapf präsentieren, wird die Glocke geläutet. Somit würde er das Läuten und den Anblick des Futters miteinander verbinden. Nach einer gewissen Zeit wäre es wahrscheinlich so, dass alleine das Läutern der Glocke den Speichelfluss auslöst. Dazu bräuchte das Futter noch nicht einmal im Raum sein, der Speichelfluss setzt ein, wenn der »Sound des Futters« erklingt. Somit hat Pawlow bewiesen, dass es möglich ist, einen neutralen Reiz zu einem relevanten Reiz umzufunktionieren.

Es ist ganz interessant, einmal genau zu schauen, welche Geräusche unsere Hunde auf den Plan rufen. Nicht nur der Kühlschrank, sondern auch die Schlüssel, die wir in die Hand nehmen, oder das Läuten des Telefons.

57__Knackfrosch
Training mit Click

Der Clicker ist ein kleines Werkzeug, welches man methodisch im Tiertraining nutzen kann. Drückt man darauf, erklingt ein klickendes, meist metallisches Geräusch, ähnlich wie bei einem Knallfrosch. Das Klickgeräusch wird benutzt, um genau den Moment, in dem der Hund etwas tut, was ich fördern möchte, zu markieren und sein Verhalten zu bestärken. Natürlich bedeutet das Klickgeräusch auch immer eine Aussicht auf Belohnung.

Ein solches Markierungssignal wird als konditionierter Verstärker bezeichnet. Das Clickertraining ist dazu da, erwünschtes Verhalten zu belohnen. Es beruht nicht auf der Korrektur von Fehlern, verzichtet auf Bestrafung und auf körperliche Manipulation. Das heißt, der Hund probiert selbst aus, welches Verhalten durch den Klick belohnt wird. Damit erreicht man im Tiertraining die optimale Nutzung einer natürlichen Lerntechnik nach dem Prinzip Versuch und Irrtum.

Das Klicken ist immer gleich und übermittelt dem Hund eine positive Botschaft. Das Geräusch ist stimmungsunabhängig und neutral, und meistens ist man mit dem Clicker im Timing, um ein bestimmtes Verhalten zu markieren, besser als mit einem gesprochenen Wort. So können wir gewünschte Verhaltensweisen in kleine Teilschritte einteilen, zusammenfügen und damit im Training den Lernprozess in die richtige Richtung lenken.

Zu Beginn des Trainings muss der Hund allerdings dem Klickgeräusch erst einmal eine Bedeutung zumessen. Der Denkansatz für den Hund sollte sein: »Immer, wenn ich das Klicken höre, bekomme ich Futter, also hab ich da gerade etwas richtig gemacht.«

Nachteile gibt es mit dem Clicker allerdings bei geräuschempfindlichen Hunden. Für sie ist das Klicken unangenehm. Da der Clicker gefühlsneutral ist, gerät zudem manchmal die natürliche Freude, die wir mit unserem Hund auf sozialer Ebene teilen, leider ins Hintertreffen.

Klick und Korn

Selbst mit Hühnern wird per Clicker im Tiertraining gearbeitet!

58 Leine und Geschirr

An die Leine, fertig, los!

2022 wurden laut Aussage des Industrieverbandes Heimtierbedarf in Deutschland 229 Millionen Euro für Hundezubehör ausgegeben. So ist auch die riesige Auswahl an Leinen, Halsungen und Geschirren nicht verwunderlich, die Hundebesitzer vor die Qual der Wahl stellt. Vor dem Kauf sollte man sich daher fragen, ob für den eigenen Hund ein Halsband oder ein Geschirr besser geeignet ist. Leinen bestehen hauptsächlich aus Leder, Kunsttextilien oder aus Biotane (Öko-Kunststoff) und werden unterschieden in einfache Hundeleinen, Flexi-Leinen, Kurzführer (deutlich unter einem Meter), Führleinen, Moxonleinen (Schlupfleinen), Showleinen, Befreiungsleinen (Schnelllöseleinen mit integrierter Halsung), Schleppleinen und Spezialleinen für Jagd und Hundesport. Am vielseitigsten einsetzbar ist sicherlich die normale Führleine, da sich ihre Länge dank Ösen variieren lässt. Leinen sollten jedoch nur verwendet werden, wenn der Hund wirklich leinenführig ist, denn Halsungen drücken bei Zug auf Luftröhre und Nacken. Zug- und Würgehalsbänder, beziehungsweise alle Führhilfen, die Hunden Schmerzen zufügen, sind laut Tierschutzgesetz verboten.

Bei den Geschirren unterscheidet man Führgeschirre (H-Geschirre), Norwegergeschirre (mit waagerechtem Brustgurt), Sattelgeschirre und Step-in-Geschirre. Letzteres muss nicht über den Kopf gezogen werden, es eignet sich allerdings nur für kleinere Rassen und Welpen. Daneben gibt es Spezialgeschirre wie Sicherheitsgeschirre für Angsthunde, die über einen zusätzlichen Bauchgurt verfügen, ergonomisch geformte Mantrailer-Geschirre, die den Hund bei der Geruchsarbeit nicht in der Atmung behindern, gut sichtbare Geschirre für Jagd- und Flächensuchhunde, Zug- und Treckinggeschirre. Wichtig ist vor allem, dass das Geschirr gut passt, nirgends Druckstellen verursacht und den Hund in der Bewegung und Atmung nicht beeinträchtigt. Daher sollte man im Zweifel auf ein individuelles Maßgeschirr für seinen Hund zurückgreifen.

Dogtrekking

Für das Hundeweitwandern gibt es nicht nur spezielle Hundegeschirre, sondern sogar Hunderucksäcke und für den Hundeführer verschiedene Gürtelmodelle, an denen der Hund mit einer Zugleine festgemacht werden kann.

59 Leinenpflicht

Es lebe der Föderalismus!

Ein allgemeines Bundesleinenpflichtgesetz gibt es nicht, daher sind die von den Bundesländern und Kommunen geregelten Vorgaben, seinen Hund in bestimmten Situationen und an bestimmten Orten oder zu bestimmten Jahreszeiten an die Leine zu nehmen, ein leidiges und viel diskutiertes Thema. Tatsächlich hat jedes Bundesland seine eigenen Vorschriften, die noch dazu im Detail von den Gemeinden geregelt werden dürfen. Als Hundehalter sollte man diese jedoch unbedingt beherzigen, da Verstöße mit hohen Bußgeldern bis in den vierstelligen Bereich geahndet werden. Die Höhe richtet sich auch danach, wie gefährlich die jeweilige Situation für andere Menschen eingestuft wird.

Fast überall müssen Hunde zumindest in Großstädten, in öffentlichen Parks und Grünanlagen, in Fußgängerzonen, in Bus und Bahn, bei öffentlichen Veranstaltungen und auch in Wäldern während der Brut- und Setzzeit angeleint werden. Letztere gilt in Baden-Württemberg zum Beispiel vom 16. Februar bis zum 15. April, in Niedersachsen aber vom 1. April bis zum 15. Juli. In Schleswig-Holstein und Thüringen gilt sogar ganzjährige Leinenpflicht im Wald. In einigen Bundesländern dürfen wildernde und hetzende Hunde von Jägern erschossen werden, sofern sich diese nicht im Einwirkungsbereich des Hundehalters befinden (in Sachsen-Anhalt dürfen sie sogar erschossen werden, wenn sie nicht wildern). Andere Länder wie Hamburg und Berlin legen zudem die Leinenlänge fest oder wie viele Hunde eine einzelne Person angeleint führen darf, und in der Berliner Innenstadt müssen grundsätzlich alle Hunde an der Leine geführt werden. In Nordrhein-Westfalen gilt für große Hunde (größer als 40 Zentimeter oder mindestens 20 Kilo) eine Leinenpflicht in sämtlichen »bebauten Bereichen«, dafür dürfen sie im Wald frei herumlaufen, solange sie die Waldwege nicht verlassen.

Für Listenhunde gilt bundesweit ein genereller Leinenzwang.

Entspannter spazieren
Auch da, wo keine Leinenpflicht herrscht, sollte man bei Bedarf immer auf seinen Hund einwirken können. Stressfreie Hundebegegnungen lassen sich trainieren, und eine gegenseitige Rücksichtnahme sollte immer oberste Priorität haben.

60__Leinensache

Straffe Nerven und lange Arme

Wie hat der Hund eigentlich das Ziehen an der Leine gelernt? Für manche Kommandos mühen wir uns ab, legen uns krumm, bis wir bestimmte Verhaltensweisen punktgenau abrufen können, und das »an der Leine ziehen« hat der Hund scheinbar ganz von allein gelernt.

Gehen wir mal zu den Anfangsschritten beziehungsweise schauen wir uns einmal die ersten Spaziergänge mit unseren kleinen süßen Welpen an. Damit er uns nicht abhandenkommt oder weil es die Umweltbedingungen nicht anders hergeben, nehmen wir den kleinen unbedarften Hund an die Leine. Da sie ja so süß sind und wir gerne jeden Schritt unseres jungen Hundes miterleben möchten, schauen wir genau hin, was er da so die ganze Zeit tut. Hier was kauen, dort mal riechen und mal schnell einem Schmetterling hinterherflitzen. Und wir sind bemüht, dass die Leine locker bleibt, da der Hund ja nicht lernen soll, an der Leine zu ziehen. Perspektivwechsel: Aus der Sicht des Hundes ergibt sich hier ein völlig anderes Bild. Oha! Meine Menschen schauen immer genau, was ich hier mache, scheint echt wichtig zu sein, wenn ich hier etwas finde. Vielleicht würden sie es ohne mich ja gar nicht entdecken, und so wie es ausschaut, brauchen sie jemand, der ihnen die Richtung vorgibt. Sie scheinen noch keine so richtige Idee im Kopf zu haben, wo sie hinwollen. Somit geben wir schon einmal jede Menge Kompetenzen an den jungen Hund ab.

Schauen wir doch auf die Hundemutter. Ohne Leine folgen ihr die Welpen durch das Gelände, sie zeigt ihnen die Welt, bleibt stehen, lässt aufschließen, und so entdecken die Kleinen die Stellen, die relevant sind. Für die Welpen bedeutet es Schutz und Unversehrtheit, in der Gruppe unterwegs zu sein und zu folgen. Ebenfalls ist es immer wichtig, die Milchbar in greifbarer Nähe zu haben. Daher ist es gut zu wissen, in welche Richtung man gehen möchte, nur so hat der Hund die Möglichkeit zu folgen und fühlt sich nicht mit ein paar Monaten von seiner Führungsrolle überfordert.

Wer bewegt wen?
Eine gute Frage: Wer gibt auf dem Spaziergang die Richtung vor? Das zu erkennen ist schon mal ein guter Schritt Richtung Leinenführigkeit.

61 Lernumgebungen

Warum der Hund nur auf dem Hundeplatz hört

»Auf dem Hundeplatz klappt immer alles prima. Dort ist mein Hund ein Streber. Aber sobald wir den Platz verlassen, scheint er alles vergessen zu haben.« Das liegt wahrscheinlich daran, dass unsere Hunde sehr stark kontextbezogen lernen. Das heißt, dass ein Verhalten, das in einer bestimmten Situation und Umgebung erlernt wurde, schwer auf eine neue Situation oder Umgebung übertragen werden kann. Neben einem klaren Fahrplan für das Training ist es ebenso wichtig, die Lernumgebung mit einzubeziehen.

Für den Einstieg in das Training ist es optimal, eine Umgebung zu wählen, in der es möglichst wenig Ablenkungen für den Hund gibt, um sich auf die wesentlichen Punkte dessen, was gelernt werden soll, zu konzentrieren. Ist einmal ein klarer Rahmen für das Miteinander gesteckt, kann der Hund sich gut daran orientieren und das Training auf andere Situationen übertragen. Dieser Rahmen schafft Klarheit für uns als Hundehalter und gibt uns Handlungssicherheit. Auch unserem Hund gibt dieser Rahmen Sicherheit. Er weiß, woran er sich orientieren kann, und wir werden dadurch berechenbarer für ihn. Schritt für Schritt wird als Nächstes in verschiedenen Umgebungen und unter sich ändernden Umständen dieser Rahmen gefestigt.

Nach dem Training sollte das Gerüst für bestimmtes gewünschtes Verhalten situationsunabhängig seine Form halten und Absprachen immer und überall gelten, für uns ebenso wie für unseren Hund. Damit die Absprachen alltagstauglich sind und verallgemeinert werden können, müssen sie unabhängig von der Außensituation immer die gleiche Bedeutung haben.

Eine bestimmte Motivation und Freude am gemeinsamen Tun sollte an beiden Enden der Leine im Training vorhanden sein. So lernt es sich viel leichter und entspannter. Ist der Rahmen des Zusammenspiels von Hund und Halter klar, steht einem entspannten Miteinander nichts mehr im Wege.

Lernen ist kein gerader Weg

Es gibt immer wieder Rückschritte oder Umwege, bis wir unser Ziel erreichen. Aber wie heißt es so schön? Umwege erhöhen die Ortskenntnisse.

62 Listenhunde

Hunderassen, die als gefährlich betrachtet werden

Schon im Altertum setzten Menschen Hunde für Kriegszwecke ein und missbrauchten sie für blutige Kämpfe. Während die alten Römer große, aggressive Hunde züchteten, um sie vor Publikum gegen Bären und Löwen antreten zu lassen, gehörten Tierkämpfe mit Molossern und Bullenbeißern im Mittelalter bereits zum Alltag, und in der frühen Neuzeit verpaarte man im britischen Adelshaus sogar Hunde mit großem Aggressionspotenzial, niedriger Reizschwelle und kräftigem Körperbau (Molosser, Deutsche Doggen, Griechische Molosser und so weiter) für Bullenkämpfe. In vielen Ländern sind Tierkämpfe inzwischen offiziell verboten, und doch boomen illegale Hundekämpfe weiterhin, da es bei den blutrünstigen Spektakeln um sehr viel Geld geht.

In Deutschland sind seit 2001 das Züchten und die Einfuhr der als gefährlich eingestuften Hunderassen American Pitbull Terrier, Staffordshire Bullterrier, American Staffordshire Terrier und Bullterrier (und Kreuzungen dieser Rassen) verboten. Ausnahmen werden nur in Sonderfällen und mit behördlicher Genehmigung zum Beispiel für Dienst- und Rettungshunde gemacht.

Jedes Bundesland führt eigene Rasselisten, wobei fünf Bundesländer dabei nach Kategorien unterscheiden. 1: Hunderassen, deren Gefährlichkeit als nicht widerlegbar gilt. Und Kategorie 2: Hunderassen, bei denen eine Gefährlichkeit lediglich vermutet wird. Wer einen Listenhund halten möchte, muss sich also bei der zuständigen Behörde seines Wohnortes nach den besonderen Bestimmungen erkundigen. In ganz Deutschland gilt für alle Listenhunde (wenn kein Negativgutachten vorliegt) eine Maulkorb- und Leinenpflicht und meist ein deutlich höherer Hundesteuersatz. Weitere Verpflichtungen – je nach Bundesland – sind: Haftpflichtversicherung, Wesenstest, Sachkundenachweis, amtstierärztliches Gutachten, Kastration, polizeiliches Führungszeugnis und Volljährigkeit des Halters.

Der American Bully XL
auf dem Foto, eine Hybridhundezüchtung aus den USA, wird in Deutschland vom FCI
nicht als Hunderasse anerkannt und gehört deshalb trotz seiner Optik offiziell nicht zu den
Listenhunden.

63__Lösungsstrategien

Wie komme ich aus der Sache wieder raus?

Kommen unsere Hund in eine stressige Situation, können ihre Körper auf unterschiedlichste Weise darauf reagieren. Wenn ihnen ein anderer Hund zu nahe kommt oder sie eine Alltags- oder Trainingssituation als stressig empfinden, entwickeln sie, je nach gemachter Erfahrung, gewisse Lösungsstrategien. Was sind die vier großen Lösungsstrategien?

Flight: Die erste Möglichkeit wäre, die Flucht nach hinten anzutreten und Distanz zwischen sich und das zu bringen, was einem Angst bereitet. Distanz ist eine gute Möglichkeit, um einem Angriff zu entgehen oder um eine Verletzung zu vermeiden und zu signalisieren: »Hey, ich nehme mich aus der Situation zurück!«

Fight: Auf in den Kampf, die Möglichkeit, nach vorne zu gehen. Die Distanz zur stressigen Situation zu verringern, vielleicht weil man gar keine andere Möglichkeit hat und der Weg zurück versperrt ist und der Hund sich in die Ecke gedrängt fühlt. Ein anderer Hund wagt den Schritt nach vorne, da er von seinem Standpunkt ziemlich überzeugt ist und diesen auch behauptet.

Flirt: Die dritte Möglichkeit, die der Übersprungshandlung, wird gerne hergenommen, wenn Hund zwischen zwei Stühlen steht. Wenn wir unsere Hunde beobachten, bezeichnen wir dieses Verhalten oft als albern. Eine typische Situation ist das Herangerufen-Werden, wenn man schon auf dem Weg zum besten Hundebuddy ist. Was soll man nun tun? Am besten erst einmal hinsetzen, hinter den Ohren kratzen oder auf dem Rückweg noch mal schnell den nächsten Busch markieren.

Freeze: Von einem auf den anderen Moment scheint der Hund wie eingefroren zu sein. Er zuckt noch nicht einmal mit der Wimper und scheint höchst aufmerksam zu sein. Frei nach dem Motto: Was sich nicht bewegt, wird nicht gejagt. Also die Hoffnung darauf, dass man übersehen wird und der Kelch an einem vorübergeht. Oft schütteln sich Hunde nach solch einem Moment.

Besser nicht auffallen!
Ein Hund, der eher versucht, sich unsichtbar zu machen, etwas geduckter durch die Welt läuft, zählt zu den unsicheren Zeitgenossen oder hat so seine eigene Strategie entwickelt.

64__Magendrehung

Wenn der Magen sich verknotet

Irgendetwas stimmt da gerade nicht. Ein paar Stunden nach dem Fressen wirkt der Hund sehr unruhig, ist ein wenig blass um die Mundschleimhaut, speichelt vermehrt und versucht sich immer wieder zu erbrechen. Es kommt aber nichts. Mit der Zeit scheint der Bauch, den wir doch so gerne krabbeln, immer dicker zu werden. Sein Unwohlsein ist für uns fast greifbar. Wir wissen selbst, wie wir uns fühlen, wenn wir Magenschmerzen haben.

Nach dem Essen sollst du ruhen und *keine* 1.000 Schritte tun. Anders als bei uns ist es für unsere Hunde wichtig, nach der Fütterung ein wenig zu ruhen, um eine Magendrehung zu vermeiden.

Was passiert physiologisch dabei? Der Magen dreht sich einmal um die eigene Achse. Dadurch werden der Ein- und Ausgang des Magens und einige Blutgefäße abgeklemmt. Alles, was der Hund nun zu sich nimmt, kann nicht mehr in den Magen gelangen und wird wieder herausgewürgt. Doch auch all das, was bereits im Magen drin ist, kann nicht weiter verdaut werden. Dadurch gast der Magen stark auf, und das Tier sieht aus, als ob es sich die gesamte Portion für die nächsten 7 Tage bereits einverleibt hätte. Nicht nur der Magen, sondern auch andere Organe werden hierdurch nach und nach beeinträchtigt.

Meist tritt eine Magendrehung bei großen Hunderassen auf, die einen tiefen, sehr schmalen Brustkorb haben. Der Magen hat hier viel mehr Raum, um sich zu drehen. Auch die genetische Disposition spielt eine Rolle. Deshalb sollte man nicht sofort in ein neues Naturabenteuer nach dem Fressen starten, sondern erst einmal ein bisschen Ruhe halten. Die Angaben, wie lange diese Ruhephase sein sollte, liegen zwischen einer und 3 Stunden, je nachdem ob man einen kleinen Wirbelwind oder einen gelassenen Hund an seiner Seite hat. Prädestinierte Hunderassen für eine Magendrehung sind die Deutschen Doggen, Vorstehhunde, der Deutsche Schäferhund und Bernhardiner.

Auf Ruhe achten
Ungefähr 6 Prozent der großen Rassen sind von einer Magendrehung betroffen. Diese ist ein lebensbedrohlicher Zustand, der innerhalb von einigen Stunden zum Tod führen kann und bedarf deshalb einer sofortigen Behandlung beim Tierarzt.

65 Markierverhalten

Von Duftmarken, die Bände sprechen

Jeder Hund hinterlässt beim Pinkeln Duftstoffe, die zahlreiche Informationen für seine Artgenossen enthalten. Erschnüffelt ein anderer Hund diese Pheromone, erfährt er jede Menge Details über den Kollegen. Alle Hunde kommunizieren über ihren Urin Alter, sozialen Status, Geschlecht, Paarungsbereitschaft und sogar ihren Gesundheitszustand – und zwar immer, egal ob sie sich einfach lösen müssen oder ob sie eine bestimmte Stelle mit ein paar Tröpfchen markieren. Rüden und seltener Hündinnen heben ab der Pubertät ein Hinterbein, um gezielt eine bestimmte Stelle zu markieren, und zwar je höher, desto besser. Vor allem kleine Hunde werden hier zu wahren Akrobaten und pinkeln schon mal im Handstand, um ihre Nachricht möglichst weit oben zu hinterlassen und vielleicht sogar die eines Konkurrenten damit zu »überschreiben«. Leben mehrere Hunde zusammen in einer Gemeinschaft, markieren diese häufig an der gleichen Stelle übereinander und auch direkt hintereinander, um ihre Rangordnung im Rudel kundzutun oder um ihre Zusammengehörigkeit zu demonstrieren.

Natürlich spielt dieses Angeben mit dem eigenen Sozialstatus beim Freilauf und Spazierengehen eine große Rolle, denn Hunde suchen häufig nach einer strategisch günstigen Stelle, um gleichzeitig ihr Revier abzustecken und der Konkurrenz klarzumachen: Ich war hier – alles meins. Hündinnen markieren ihr Revier, wenn überhaupt, wesentlich dezenter, vor allem aber senden sie olfaktorische Einladungen an die Männerwelt, wenn sie läufig sind, und übertünchen gleichzeitig den Duft lästiger Konkurrentinnen.

Auch Kot, Scharren und das Reiben an Gegenständen dienen zum Informationsaustausch unter Hunden. Scharrt ein Hund nach dem Häufchenmachen, für das häufig auch erhöhte und strategisch wichtige Stellen genutzt werden, verteilt er damit ebenfalls seine Witterung, seine Eckdaten und markiert seinen territorialen Anspruch.

Das Scharren
Schweißdrüsen unter den Pfotenballen und Bakterien zwischen den Zehen erzeugen eine individuelle Duftmarke, die der Hund beim Scharren quasi als Visitenkarte verteilen kann.

66__Maulkorb tragen
Nur für aggressive Zeitgenossen?

Manchmal passiert es ganz automatisch. Auf unserem Spaziergang kommt uns ein angeleinter Hund mit einem Maulkorb entgegen, und wir laufen einen Bogen. Ein imaginäres Schublädchen wird aufgezogen, und das Tragen eines Maulkorbes wird mit Aggressivität gleichgesetzt. Ein Maulkorb kann aber vielfältige Gründe haben. Es gibt je nach Bundesland Hunde bestimmter Rassen, die ab einem gewissen Alter einen Maulkorb tragen müssen. Diese Rassen können durch einen Wesenstest von der Maulkorbpflicht befreit werden.

Aber es wäre unfair zu denken, dass nur Hunde bestimmter Rassen einen Hang dazu haben können, nach vorne zu gehen und dem Gegenüber ein Loch in den Pelz zu beißen. Oftmals gibt es Hunde, die durch schlechte Erfahrungen gelernt haben, dass Angriff einfach die beste Verteidigung ist, um sich unliebsame Artgenossen vom Hals zu halten. Die Lederjackenträger unter den Hunden, die gerne ihre Ärmel hochkrempeln und ihre 42 Argumente auspacken, nur weil sie gerade Lust dazu haben, gibt es natürlich auch. In beiden Fällen ist der Maulkorb eine absolute Pflicht.

Auch beim Tierarztbesuch kann es vorkommen, dass der Maulkorb aufgezogen werden muss. Sollte es hier und da mal piksen, ist ein kurzes Abschnappen nicht selten. Auch kann der Maulkorb als Leckschutz gute Dienst leisten. Manch einer hat auch einen ganz besonderen Spezialisten an der Leine, der gerne umherstreunt und schaut, was alles Leckeres auf dem Boden liegt. Manche Hunde kommen einem gut funktionierenden Staubsauger gleich. Um das Fressen von Unrat oder sogar von ausgelegten Giftködern zu unterbinden, macht es durchaus Sinn, den Staubsauger mit einem Maulkorb auszustatten.

Ein Maulkorbtraining ist für jeden sinnvoll und gehört zum Hundetraining dazu. Sollten wir plötzlich in die Verlegenheit kommen, einen Maulkorb nutzen zu müssen, ist der Hund daran gewöhnt und kann entspannt mit dieser Situation umgehen.

Chic und Scharf

Mittlerweile gibt es richtig gute Maulkorbberatungen, bei denen One-fits-all nicht gilt. Wer Genaueres wissen möchte, schaut gerne einmal bei www.chicundscharf.com vorbei.

67 — Meutehunde

Teamwork beim Jagen

Während ein Rudel eine Lebensgemeinschaft von Tieren dersel-
ben Familie ist, leben in einer Meute Tiere unterschiedlicher Fami-
lien, die von Menschen zusammengestellt wurden. Meutehunde
(Hounds) sind als Nasenjäger in einer größeren Gruppe unterwegs,
um zum Beispiel bei einer traditionellen Fuchsjagd zu Pferde eine
künstlich gelegte Fährte über eine lange Strecke in oft unwegsamem
Gelände zu verfolgen oder aber bei der konventionellen Jagd das
Wild großflächig mit Hetzlaut zu treiben beziehungsweise zu drücken. Dabei arbeiten sie unabhängig vom Menschen mit einer festen
Hierarchie und Aufgabenverteilung. Beharrlichkeit und Kondition,
Schnelligkeit, Robustheit und eine gewisse Schmerzunempfindlich-
keit, vor allem aber eine gute Nase und ein durchdringendes Geläut
(durch den Spurlaut hört der Jäger, dass die Meute auf der Spur ist)
sind also Pflicht.

Ob nun die Meute aus englischen Hounds (Beagle, Foxhound,
Harrier, Bloodhound) oder aus französischen Laufhunden (Anglo-
Français, Bleu de Gascogne, Porcelaine) oder spanischen Laufhunden (Sabueso Español, Pachón Navarro, Galgos) besteht, immer
handelt es sich um Rassen, die seit jeher als leistungsorientierte
Gebrauchshunde gezüchtet wurden, um Wild aufzuspüren und
zu hetzen. Ein französischer Tricolor kann einen ganzen Tag lang
einen Hirsch verfolgen, während für die Jagd auf Hasen eher das
hohe Tempo eines Galgos erforderlich ist. Dabei teilen sich die
Hunde bei der Jagd innerhalb einer Meute meist als Finder, Spren-
ger, Packer und als Beihunde die Arbeit, sind aber eben nur im Ver-
bund erfolgreich.

Die Zusammenstellung und das Training einer Meute bedarf
dementsprechend einer großen Erfahrung und eines guten Gespürs
des Meutehalters, denn die Hunde müssen von klein an auf Appell
und Fährte trainiert und gewissenhaft auf ihre spätere Aufgabe vorbereitet werden.

Eine sinnvolle Aufgabe
Viele Verhaltensweisen, die Meutehunde über Jahrhunderte zu selbstständigen Arbeits-
hunden gemacht haben, führen zu Verhaltensauffälligkeiten, werden diese Rassen als reine
Familienhunde und einzeln gehalten.

68 Motivation

Eine Frage des inneren und äußeren Antriebs

Stundenlang kann unser Hund auf dem Acker verbringen und nach Mäusen buddeln. Es scheint kein Ende zu geben, von Müdigkeit absolut keine Spur. Aber wenn es darum geht, mit uns zusammen eine Aufgabe in der Hundeschule zu lösen, verliert er schnell das Interesse. Woher kommt es, dass er bei einer Beschäftigung schier endlos Energie zur Verfügung hat und bei anderen Dingen einfach einschläft oder eine Menge Motivation braucht, um dranzubleiben?

Hierfür gibt es ganz persönliche Gründe. Die sogenannte intrinsische, also innere Motivation sorgt für den inneren Antrieb, bestimmte Dinge zu tun, weil sie einfach Spaß machen, um ihrer selbst willen. Der Hund braucht keine Bestätigung von außen hierfür. Ein innerer Antrieb kann Hunger, Durst, der aktuelle Gemützustand, der Hormonstatus, das Erkundungsverhalten oder auch die Genetik sein. Eine innere Motivation verspüren wir zum Beispiel, wenn wir unserer Lieblingsfreizeitbeschäftigung nachgehen. Wir sind motiviert, knien uns in das Thema hinein und vergessen auch schon mal die Zeit dabei.

Über die extrinsische Motivation, die Motivation von außen, können wir den Hund im Training dazu animieren, ein bestimmtes Verhalten zu zeigen, bestimmte Handlungen von außen anregen und ihn zum Denken bringen, indem wir ihm eine Belohnung in Aussicht stellen. Belohnen können wir unsere Hunde durch Futter, Anerkennung und Lob oder indem wir ein Spiel in Aussicht stellen. Ebenso motiviert auch die Erwartung von unangenehmen Konsequenzen dazu, ein gewünschtes Verhalten auszuführen, um so der unangenehmen Situation aus dem Weg zu gehen. Wir können die extrinsische Motivation unserer Hunde gut mit unserem Job vergleichen. Wir bekommen unser Gehalt, Anerkennung von den Kollegen oder dem Chef. Etwas zu tun, um unangenehme Konsequenzen zu vermeiden, fühlt sich aber sicherlich für uns sowie für den Hund gleichermaßen nicht gut an.

Wie wäre es mit einer zehnstelligen Rangliste für die äußere Motivation? Was würde bei deinem Hund ganz oben auf der Liste stehen?

69_Nasengeschichten
Wild in der Nase

Manchmal möchten wir gerne in den Kopf unserer vierbeinigen Begleiter hineinschauen. Oftmals dann, wenn sie sich an einer Stelle besonders intensiv mit der Nase verlieren. Der Blick ist ganz verklärt, die Ohren schalten auf Durchzug, und unser Hund scheint nur noch dem Geruch zu folgen. Besonders im Frühjahr, wenn die Natur wieder zu neuem Leben erwacht, bleiben sie gerne schon einmal eine halbe Ewigkeit an einem jungen Baum stehen und haben gefühlt hundertmal den Baumstamm hinauf und herunter ganz intensiv abgeschnuppert und untersucht. Was passiert da gerade im Kopf meines Hundes, mag man sich da fragen. Warum bleibt die Nase hier so lange an dem kleinen Bäumchen kleben?

Dafür gibt es aus Hundesicht einen guten Grund. In der Zeit von Mitte März bis Mitte April juckt den Rehböcken ordentlich das Haupt, und sie machen sich bereit, um im August der Damenwelt möglichst zu gefallen und ihren Kopfschmuck bestens zu präsentieren. Im November haben sie ihren alten Kopfschmuck bereits abgeworfen und bis März/April ist ihnen wieder ein komplett neues Gehörn gewachsen. Eine wahnsinnige Leistung, Jahr um Jahr, die eine Menge Energie benötigt. Während des Wachstums des Gehörns ist dieses von einer samtartigen Haut umschlossen, die gut durchblutet ist, die sogenannte Basthaut. Diese möchte Herr Bock nun ganz gerne loswerden und schubbert sein Haupt an kleinen Bäumen und Ästen. Dadurch bleiben Teile der samtigen Haut, Haare und Blut an den Bäumen und Ästen hängen. Auch die Rinde der Bäume wird beschädigt, und es tritt Pflanzensaft aus. Aus diesem Gemisch aus Blut und Pflanzensaft bildet sich die bräunliche Färbung des Gehörns.

Für unseren Hund ist das Gemisch eine wahre Geruchsexplosion, und so mag er sich verständlicherweise nicht gerne aus diesem Duftkino herausrufen lassen, wo es doch gerade so spannend ist, erzählt dieser Ort doch vom großen Ruf der Wildnis.

Fundstücke!
Finden wir im Herbst ein abgeworfenes Gehörn, dürfen wir es nicht einfach in die Tasche stecken. Dies fällt unter den Tatbestand der Wilderei.

70__Nasentiere

Die Umwelt mit der Nase beurteilen

Hunde sind Makrosmaten. Das heißt, dass die Nase das wichtigste Sinnesorgan für sie ist. Sie definieren und beurteilen ihre Umwelt größtenteils über das, was sie mit ihrer Nase wahrnehmen, egal ob es um Stimmungen geht oder darum, eine interessante Spur zu verfolgen oder das liegen gelassene Pausenbrot im Park aufzufinden. Einmal die Nase in die Luft gereckt und unser Hund ist über alles Wichtige informiert. Braucht er mehr Informationen, geht es Nase voran auf die Pirsch.

Er weiß immer ganz genau, wer sich wann wo aufgehalten hat und in welcher Stimmung der- oder diejenige dabei war. Denn er nimmt über den Geruch seines Gegenübers wahr, ob dieser gestresst oder freudig gestimmt ist. Ihm können wir körpersprachlich keine Märchen erzählen, denn unser Geruch wird uns auf jeden Fall verraten. Eine wahnsinnige Leistung!

Auf unseren Spaziergängen in der Natur kann ein Hund also ganz leicht erkennen, wer hier gerade den Weg gekreuzt hat, ob es der Fuchs oder der Hase war, in welche Richtung er gelaufen ist und ob es Sinn macht, einmal genauer zu schauen, da die Spur noch ganz frisch ist – und damit die Möglichkeit groß, tatsächlich auf den wilden Waldbewohner zu treffen. Aber nicht nur die wilden Waldbewohner geben Auskunft über ihre Anwesenheit, sondern auch die Hundefreunde aus der Umgebung. Wie steht es mit dem Hormonstatus der netten Hundedame von nebenan oder der Gesundheit des Nachbarrüden?

Wer solche Talente hat, setzt diese natürlich auch ein. Über Jahrhunderte haben wir uns diese Sinne zunutze gemacht. Auf der Jagd, in der Rettungshundestaffel, im Einsatz bei der Polizei als Drogenspürhund, aber auch wenn wir in der Freizeit mit unseren Hunden zum Mantrailing gehen oder Dummysport betreiben. Natürlich können unsere Hunde ihre Superkraft in ihrer »Freizeit« nicht einfach ausschalten, und so kommen sie schon mal auf die ein oder andere »kreative Idee« …

Der Beste unter den Besten
Der Bloodhound gilt als die absolute Nummer 1 unter den Hunden, was die Nasenleistung angeht. Im Gegensatz zu den 225 Millionen Riechzellen, die ein normaler Hund hat, besitzt er über 300 Millionen.

71 Norwegischer Lundehund

Ein echter Exot in der Hundewelt

Die Geschichte dieses recht kleinen (bis 37 Zentimeter), fuchsähnlichen Hundes mit dem rotbraunen bis falbbraunen Fell und dem dichten rauen Deckhaar ist eng mit der norwegischen Küste, genauer gesagt den Lofoten verbunden – das erklärt seine in der Hundewelt einzigartigen anatomischen Besonderheiten. Jahrhundertelang wurden Lundehunde von ihren Besitzern auf die Jagd von Papageientauchern (norwegisch Lunde) angesetzt, die früher als Delikatesse galten. Um die hoch oben in den Klippen, in Felsspalten versteckt brütenden Vögel zu jagen, haben Lundehunde eine äußerst bewegliche Schulter, sodass sie die Vorderbeine um 90 Grad zur Seite drehen können. Die spitzen Ohren sind verschließbar, damit sie als Jäger genau wie ihre Beute gut tauchen können. Zudem besitzen die robusten Hunde mindestens sechs ausgebildete Zehen und bis zu acht Ballen an jedem Fuß, was bei der Jagd über die steilen Klippen für enorme Trittsicherheit sorgt. Da auch die Eier der Papageientaucher als beliebte Delikatesse galten, bildeten sich im Laufe der Evolution die seitlichen Zähne und die vorderen Backenzähne der Hunde völlig zurück, damit sie die Eier aus den Nestern holen und unbeschadet ihren Haltern bringen konnten.

Als 1899 die Jagd auf Papageientaucher verboten wurde, hätte dies fast das Aus für diese hochspezialisierten Jäger bedeutet, die heute zu den seltensten Hunderassen der Welt gehören. Als 1940 die letzten verbliebenen Exemplare auf den Lofoten der Staupe zum Opfer fielen, retteten ganze fünf Tiere, die außerhalb der Inseln lebten, und die man in den 1960er Jahren zur kontrollierten Zucht heranzog, den Fortbestand der Rasse. Momentan leben nur 26 Lundehunde auf ihren Heimatinseln, in ganz Norwegen sind es 898 Tiere, was auch der Tatsache geschuldet ist, dass die Hündinnen meist nur ein bis drei Welpen pro Wurf zur Welt bringen. Weltweit zählt die Rasse heute knapp 1.500 Exemplare.

Eierjäger
Auf dem Flughafengelände in Tromsø machen Lundehunde seit über 10 Jahren Jagd auf die Eier der dort brütenden Vögel. 2021 sammelten dort 8 Lundehunde insgesamt 265 Eier unversehrt im Maul ein, was beim Starten und Landen der Flugzeuge den Vogelschlag deutlich eingedämmt hat.

72 Notfallapotheke

Für alle Notfälle gut gerüstet

Verletzt sich der Hund oder wirkt er krank, gilt es natürlich immer, Ruhe zu bewahren und abzuwägen, ob ein Tierarztbesuch unumgänglich ist. Für diesen Fall sollte man stets die Telefonnummern von Tierarzt, Tierklinik und Giftnotzentrale, den Impfausweis und auch die Krankenakte des Hundes griffbereit haben. Zeigt der Hund beispielsweise Symptome einer Vergiftung (Bewusstseinstrübung, Krämpfe, Erbrechen, Schocksymptome, Verätzungen, Schleim, Schaum und so weiter), muss er so schnell wie möglich zum Tierarzt gebracht werden, hat er lediglich einen Tag lang leichten, unblutigen Durchfall, kann man sich erst mal mit Schonkost (Morosche Möhrensuppe) behelfen.

Sowohl für kleinere Wehwehchen als auch für die Erstversorgung nach einem Unfall sollte man unbedingt eine Notfallapotheke zur Hand haben und sich mit ihrem Inhalt vertraut machen. Wichtig sind: isotonische Kochsalzlösung zur Wundreinigung, Einmalhandschuhe, Saltisept, Jubin-Zuckerlösung, Augentropfen (physiologische Lösung, Augen bei Verätzungen mit lauwarmem Wasser und verdünnter Borsäurelösung spülen), Kältespray (nicht auf Schleimhäute und offene Wunden), Cold Pack/Wärmepad, Fieberthermometer, Wundsalbe, Notfalltropfen, Polsterwatte, elastische Binden, sterile Wundkompressen, sterile Tupfer, Mullbinden, selbstklebender Verband, Pflasterrolle, Verbandsschere, Pinzette, Zeckenzange, Einmalrasierer und Rettungsdecke.

Für den Transport des Hundes gibt es verschiedene Möglichkeiten; um ihn aus unwegsamem Gelände retten und hinaustragen zu können, gibt es Notfall-Hundetragegeschirre in unterschiedlichen Größen. Diese sogenannten Rettungsschlingen sind meist sehr leicht und lassen sich gut im Rucksack verstauen, um auch größere Hunde sicher bis zum nächsten Fahrzeug zu transportieren. Für kleine Hunderassen gibt es Reisetaschen und Rucksäcke, die sich für einen Notfalltransport eignen.

Für unterwegs
Vor allem für unterwegs ist die Smartphone-App »Vetfinder« hilfreich, um schnell den jeweils nächstgelegenen Tierarzt zu finden.

73__Die Pfoten
Von Ballen und Krallen

Damit unsere Hunde fest im Leben stehen, sollten wir uns mit der Anatomie und der Pflege ihrer Pfoten auskennen. Die Vorderpfoten weisen neben den vier Zehenballen und dem Sohlenballen auch die höher gelegenen Daumen- und Handwurzelballen auf. Die obere Zehe endet in der Daumenkralle, während die vier anderen Zehen halbkreisförmig an der Pfotenspitze in Laufrichtung zeigende Krallen haben. Die Hinterpfoten weisen meist nur vier Zehen auf, denn die Wolfskralle, der zusätzliche fünfte Zeh weit oben am Mittelfußknochen, ist längst nicht bei allen Hunden ausgeprägt.

Hunde sind Zehengänger: Stehen sie entspannt, sollte keine Kralle den Boden berühren. In der Bewegung rollen die Pfoten über die Zehenballen ab, die Krallen geben ihnen dabei zusätzlichen Halt auf unterschiedlichem Terrain. Da sich Wolfs- und Daumenkrallen nicht auf natürliche Weise abnutzen, müssen sie eventuell gekürzt werden, damit der Hund mit ihnen nicht irgendwo hängenbleibt und sich verletzt.

Überhaupt ist die Länge der Krallen entscheidend für die korrekte Abrollbewegung der Pfote und damit auch für einen schmerzfreien Gang. Bei manchen Hunden nutzen sich die Krallen genauso schnell ab, wie sie wachsen. Doch spätestens wenn man allzu lang gewordene Krallen auf harten, glatten Böden klackern hört, wird es Zeit für eine Pediküre, damit der Hund nicht beim Laufen behindert wird. Neben speziellen Krallenscheren oder -zangen gibt es auch elektrische Krallenschleifer und Krallenfeilen zur Abrundung der scharfen Kanten. Um die Nerven und Blutgefäße in den Krallen nicht zu verletzen, kürzt man die Krallenspitze in kleinen Schritten möglichst waagerecht und feilt sie anschließend rund. Für die Ballenpflege eventuell vorsichtig das Fell zwischen Zehen und Ballen trimmen, damit nichts darin hängenbleibt und rissige Ballen mit fetthaltigem Pfotenbalsam geschmeidig halten. Zusätzlich können Pfotensocken oder Hundeschuhe empfindliche oder verletzte Pfoten schützen.

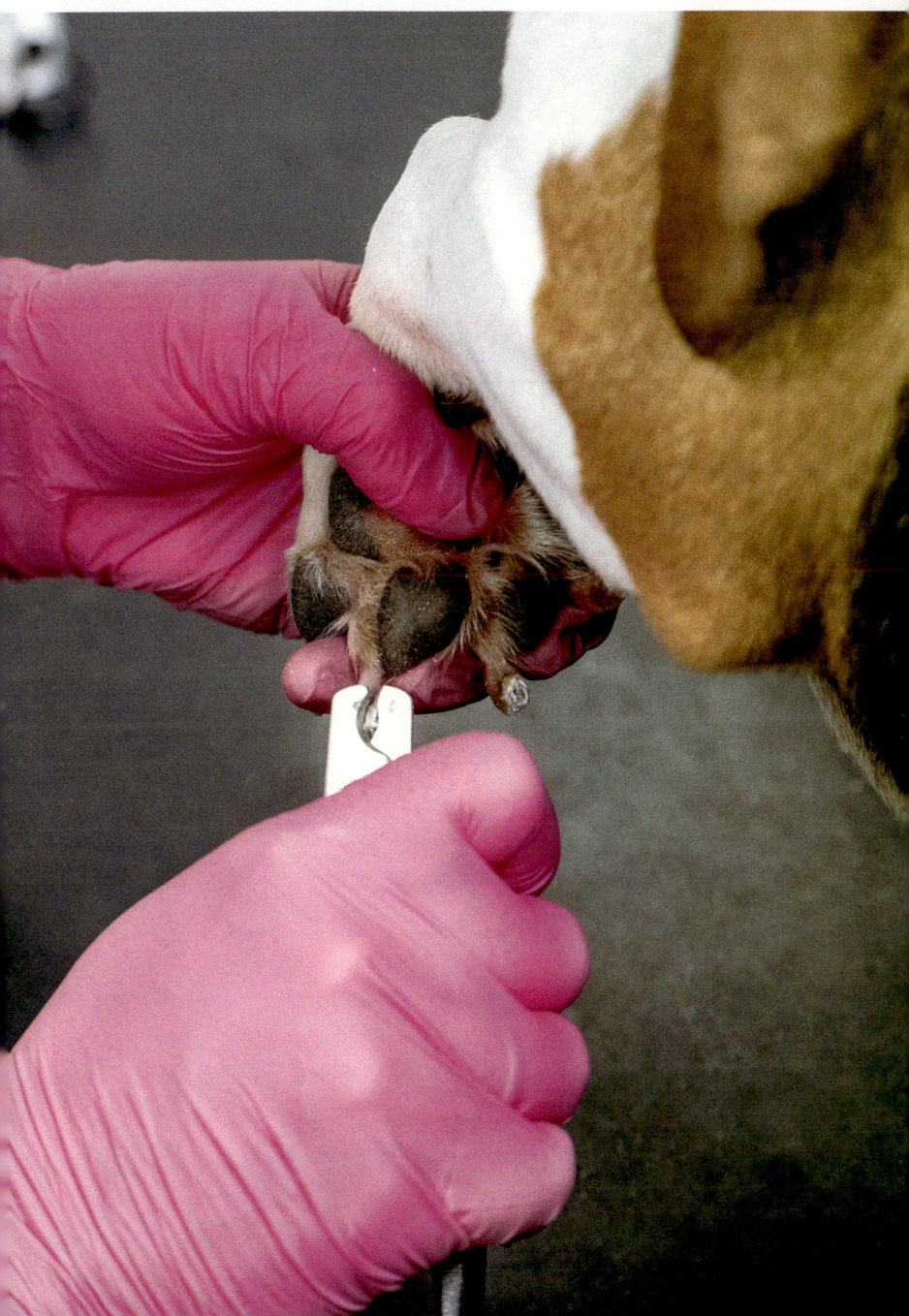

Pfotenduft
Übrigens schwitzen Hunde ausschließlich über ihre Pfoten, die durch die Mischung aus Schweiß und Bakterien nach Popcorn beziehungsweise nach Mais riechen.

74__Qualzuchten

Wenn das Hundeleben zur Qual wird

Seit 2022 verbietet die Tierschutz-Hundeverordnung Hunden mit Qualzuchtmerkmalen die Teilnahme an Ausstellungen, Veranstaltungen und Prüfungen. Die Idee, damit den Anreiz für derartige Züchtungen zu nehmen, ist löblich, doch die Umsetzung äußerst problematisch. Zuchtverbände arbeiten mit Behörden und einer Fachgruppe von Tierärzten an konkreten Vorgaben für ein Gesetz zum Wohle der Tiere, das seriöse Züchter nicht benachteiligt. Eine der Grundlagen dafür bietet die Informations-Datenbank QUEN, die Defektmerkmale bei bestimmten Hunderassen auflistet.

Schwer atmende Möpse mit Kulleraugen, schmerzhafte Lidfehlstellungen bei Bordeauxdoggen, Merle-Rassen mit Hautentzündungen, Nackthunde mit Sonnenbrand … die Liste der Hunderassen, die als Qualzuchten eingestuft werden, ist lang. Doch gerade diese Rassen erfreuen sich aufgrund ihrer vermeintlichen Schönheitsideale großer Beliebtheit – entsprechen doch Hunde, die unter einer Brachyzephalie leiden, dem Kindchenschema und sehen niedlich aus, auch wenn diese angezüchtete Verkürzung der Kiefer- und Nasenknochen Atembeschwerden, Schluckbeschwerden, Geburtsschwierigkeiten und eine Störung der Thermoregulation hervorruft.

Wer mit seinem Hund allein ein modisches Statement setzen möchte oder dem Reiz des scheinbar Besonderen erlegen ist, fördert mit seiner Wahl häufig das Blue-dog-Syndrom, Albinismus, Haarlosigkeit, Hauteinstülpungen (Ridge) oder idiopathische Muzinose (Faltenbildung) – Defekte, die unter anderem Hautprobleme, Taubheit und schwerwiegende Augenkrankheiten zur Folge haben können.

Zwar wird ein Ausstellungsverbot inzwischen weitgehend umgesetzt, doch dank der ungebrochenen Beliebtheit dieser Rassen boomt der illegale Welpenhandel, und sogenannte Vermehrer sorgen dafür, dass viele Hunde ein Leben lang unter zuchtbedingten Merkmalen physisch und psychisch leiden.

Wer die Wahl hat

Nicht jeder einzelne Hund der ausgewiesenen Qualzuchtrassen leidet unter gesundheitlichen Problemen. Seriöse Züchter legen Wert darauf, kranke Tiere aus der Zucht auszuschließen und stattdessen rassetypische Merkmale im Sinne des Tierwohls zu fördern,
ohne Defekte zu begünstigen.

75 Quietschspielzeug

Der Tanz mit der Gummiente

Er scheint sich in Rage zu quietschen. Erst war es ein vorsichtiges Hineinbeißen und ein erschrockenes Zurückspringen. Der Kopf wird schief gelegt, und das neue Spielzeug mit Argwohn betrachtet. Aber einmal ist kein Mal! Es hat sich nicht gewehrt, und so wird mutig der nächste Angriff auf den Quietschhasen gestartet. Immer wieder, bis wir nur noch eine wahre Symphonie der Quietschgeräusche in unseren Ohren haben.

Die Regale im Tierbedarf sind voll mit Stoffspielzeugen mit Quietschies jeglicher Art. Auch Bälle, Knochen, Donuts oder andere Gegenstände aus Silikon sind mit einem Quietschie gefüllt und laden zum Tanz ein. Was im ersten Moment als süß oder niedlich empfunden wird, kann bei dem ein oder anderen Hund allerdings zur Folge haben, dass die erlernte Beißhemmung und der differenzierte Griff mit dem Maul hierunter leidet (siehe Kapitel 10). In der Welpenzeit haben wir mit unseren Hunden abgesprochen, dass das Quietschen so viel bedeutet wie: »Hey, das tut mir weh, hör auf damit!« So mancher Hund mag hier erst einmal verwirrt sein.

Wenn wir auf das Jagdverhalten schauen und uns vorstellen, dass unser Hund eine Amsel oder Ähnliches gepackt hat, haben wir sicherlich auch einen Ton des gefangenen Vogels im Ohr. Dieser kommt dem Quietschie sehr nahe und könnte dem Hund signalisieren, dass er Beute gemacht hat. Hunde sind aber durchaus in der Lage, ein Spielzeug von einem Lebewesen zu unterscheiden, allerdings ist der nächste Schritt zum Suchtpotenzial, wenn sie sich einmal in Rage gequietscht haben, manchmal unbeabsichtigt nicht so weit entfernt.

Ähnlich wie beim Balljunkie (siehe Kapitel 90) hat das quietschende Spielzeug Suchtpotenzial, wenn der Hund das Geräusch immer und immer wieder hören möchte. Aber wenn die Spielzeuge doch so schön sind? Kein Problem, aus den meisten lässt sich das Quietschie ganz einfach »herausoperieren«.

Besser genau geschaut

Die meisten Quietschspielzeuge sind aus Plastik gefertigt, können schnell kaputt gehen und zum Teil vom Hund verschluckt werden. Ob der Hund solch ein Spielzeug zur Verfügung gestellt bekommen sollte, ist immer differenziert zu betrachten.

76__Redensarten

Das ist ja ein dicker Hund!

Viele Redensarten stellen Mensch und Hund gegenüber: Man kann bekannt sein wie ein bunter Hund, dastehen wie ein begossener Pudel, wie ein geprügelter Hund, wie ein Hund mit eingezogenem Schwanz oder gar heulen wie ein Schlosshund. Viele der Redewendungen um den Hund bedürfen keiner großen Erklärung. Mehrfarbige Hunde sind eben besonders auffällig, und ein begossener Pudel ist ein Bild des Jammers; Hunde ziehen ihre Rute meist als Zeichen der Unterwürfigkeit ein, und Hunde, die einst Schlösser bewachten, lagen oft an Ketten und heulten vermutlich überdurchschnittlich viel.

Wendungen wie der geprügelte Hund lassen erahnen, welch geringen Stellenwert die Tiere lange Zeit in der Gesellschaft hatten. Wer auf den Hund gekommen ist, hat ein ähnlich erbärmliches Niveau erreicht wie die einst als Arme-Leute-Tiere verachteten Vierbeiner und arbeitet vermutlich auch nur für einen Hundelohn. Wer dann einen Hund jammert, ist so schlimm dran, dass selbst das verachtete Tier Mitleid mit einem hat.

Viele Hunde sind des Hasen Tod, lässt sich wie andere Redensarten von der Jagd mit Hundemeuten ableiten. In diesem Fall wurde der Hase von der Hundemeute zu Tode gehetzt. Den Letzten beißen die Hunde beschreibt hingegen das schwächste gejagte Tier, das von der Meute gerissen wird und damit die Konsequenz für alle anderen trägt.

Wollte man früher einen Hund hinterm Ofen hervorlocken, musste man sich schon etwas einfallen lassen, denn der Hund verließ meist nicht freiwillig die warme Fußhöhlung der Kachelöfen. Gleichzeitig sollte man schlafende Hunde lieber nicht wecken, denn vor allem Wachhunde schlagen an, wenn man ihre Aufmerksamkeit erregt. Bei so richtigem Mistwetter keinen Hund vor die Tür zu jagen, versteht sich von selbst, vor allem wenn es junge Hunde oder Katzen und Hunde regnet – die haben sich früher bei Unwettern in Strohdächern verkrochen, rutschten vom Dach und ertranken zuhauf.

»Das also war des Pudels Kern«

hat Goethe seinen Faust sprechen lassen, nachdem dieser einen sich seltsam verhaltenden Pudel aufliest, der sich dann in seiner guten Stube als der Teufel entpuppt. Eine Redewendung, die mit des Rätsels Lösung gleichzusetzen ist.

77__Richtig streicheln
Damit nichts gegen den Strich geht

Wer mit einem ausgebildeten Besuchshund in Schulen oder Kindergärten geht, hat häufig die Streichellandkarte seines Hund dabei, auf der durch Zonen gekennzeichnet ist, wo der Hund besonders gerne gestreichelt und wo er gar nicht gerne berührt wird, denn jeder Hund hat eigene Vorlieben, was das Streicheln betrifft.

Hunde suchen von klein auf engen Körperkontakt zu ihrer Mutter und zu den Wurfgeschwistern, definieren später beispielsweise über soziale Fellpflege und Nähe ihren Rang im Rudel und übertragen dies auch auf den Menschen. Daher sollte man auch fremde Hunde nicht einfach berühren, da sie dies als Bedrohung empfinden könnten. Beobachtet man den Hund jedoch eine Weile, lässt ihn auf sich zukommen und achtet auf die Signale, findet man schnell heraus, ob und wo er gestreichelt werden möchte. Grundsätzlich sollte sich der Körper des Hundes unter der streichelnden Hand locker anfühlen. Sind Gesicht oder Körper angespannt, wendet er den Kopf ab oder dreht sich gar weg, »friert« er ein, kneift die Augen zusammen oder richtet die Ohren nach hinten, sind dies sichere Anzeichen dafür, dass es dem Hund unangenehm ist, angefasst zu werden, und dass er womöglich bereit ist zuzuschnappen.

Beim Streicheln eines fremden Hundes beginnt man am besten am Rücken und spart den Kopf und den Bauch erst mal aus.

Beim eigenen Tier kann man hingegen ruhig der Intuition vertrauen, denn der Hund streckt vertrauten Personen den Bauch entgegen, wenn er dort gestreichelt werden möchte, legt den Kopf in den Schoß, wenn er gerade eine entspannende Kopfmassage braucht oder hinter den Ohren gekrault werden möchte, oder schmiegt sich ans Bein, um eine Schmuseeinheit oder gar eine Umarmung einzufordern. Wird der Hund dabei zu aufdringlich, gilt es Maß zu halten, denn vielleicht will er damit nur seine Stellung im Mensch-Hund-Gefüge überprüfen. Zieht er sich jedoch während des Streichelns ins Körbchen zurück, sollte man diesen Wunsch nach Distanz unbedingt akzeptieren.

Hunde-Massagen
… dienen der Entspannung, lösen Verspannungen, fördern die Durchblutung, lindern Nervenerkrankungen und streicheln die Hundeseele. Viele Techniken und Griffe lassen sich in Workshops oder Seminaren für den Hausgebrauch effizient erlernen.

78_ Richtungshören

Der Sound der Beute

Ein leises Knacken im Unterholz, die Ohren werden gespitzt, der Kopf des Hundes fliegt herum, und er weiß genau, wo dieses feine kleine Geräusch eines davonhüpfenden Hasen hergekommen ist. Als Hundehalter können wir auf einem gemeinsamen Spaziergang gut beobachten, wie sich die Ohren unseres Hundes hin und her bewegen, ähnlich einem kleinen Sonargerät, um ein bestimmtes Geräusch auszumachen und genauestens zu orten. Unsere Hunde sind hier wahre Meister ihres Fachs. Sie sind in der Lage, ein bestimmtes Geräusch exakt dem Ort zuzuordnen, von dem es kommt. Genau das meint das Richtungshören: die räumliche Herkunft eines akustischen Signals präzise zu erkennen.

Dabei spielen die Verzögerungszeit, also die Zeit, bis das Geräusch beim Hund angekommen ist, die Länge der Schallwellen und die Klangfarbe eines Geräuschs eine erhebliche Rolle. Zusammen erschaffen sie fast eine Art 3D-Bild, nur aus Tönen. Im Gegensatz zu uns Menschen sind unsere Hunde im Richtungshören besonders zielsicher. Sie können ihre Ohren in verschiedene Richtungen drehen und aufstellen, um ein Geräusch genauestens auszumachen. Wir müssen dazu den Kopf wenden, oder wir legen ihn ein wenig schräg. Absolute Spezialisten sind hier Hunde mit Stehohren, wie zum Beispiel Schäferhunde oder Huskys. Sie sind noch treffsicherer als ihre schlappohrigen Kollegen (siehe Kapitel 85). Während wir in einem 20-Grad-Winkel noch zwei Geräusche auseinanderhalten können, schaffen es unsere Hunde in einem Bereich von 7 bis 8 Grad. So können sie zum Beispiel das Piepen zweier Mäuse genauestens auseinanderhalten und zuordnen.

Wenn Hunde die Richtung, in der sich ihre Beute befindet, bestimmt haben, so ist es sehr wahrscheinlich, dass sie auch zielsicher und auf den Punkt durchstarten, damit ihnen nichts durch die Lappen geht. Jede zusätzlich aufgewandte Energie auf der Jagd ist verschwendete Energie. Hier gilt es Haus zu halten.

Selbstwahrnehmung

Je länger wir uns Zeit nehmen, die Augen schließen und uns auf die Außengeräusche konzentrieren, umso deutlicher können auch wir die unterschiedlichen Geräusche draußen im Wald wahrnehmen.

79__Der Ruf der Wildnis

Wie kommt das Wild in den Hundekopf?

Welchem Ruf der Wildnis der Hund genau erliegt, hängt größtenteils von seiner genetischen Veranlagung ab, und dementsprechend werden auftretende Reize unterschiedlich verarbeitet. Die Reizweiterleitung im Gehirn des Hundes ist ein erstaunlicher Vorgang.

Wenn der Hund einen Reiz über eines seiner Sinnesorgane wahrnimmt, zum Beispiel einen Geruch, ein Geräusch oder ein visuelles Signal, werden spezielle Sinneszellen aktiviert und erzeugen elektrische Signale. Diese Signale, sogenannte Nervenimpulse, werden dann entlang der Nervenbahnen zu den entsprechenden Regionen im Gehirn des Tieres weitergeleitet. Jede Sinnesmodalität hat spezifische Bereiche im Gehirn, die für die Verarbeitung der Informationen zuständig sind.

Im Gehirn angekommen, setzen sich die elektrischen Signale fort, indem sie von einer Nervenzelle zur nächsten über Synapsen übertragen werden. Diese Synapsen sind wie kleine Verbindungsstellen zwischen den Nervenzellen und ermöglichen die Kommunikation durch chemische Botenstoffe, die Neurotransmitter genannt werden. Während dieses Prozesses werden die Informationen im Gehirn des Hundes verarbeitet und interpretiert. Komplexe neuronale Schaltkreise kommen zum Einsatz, um die Sinnesreize zu analysieren. Das Gehirn vergleicht die eingehenden Informationen mit bereits gespeicherten Erinnerungen und gibt dem Reiz eine Bedeutung oder löst eine entsprechende Reaktion aus.

Die Reizweiterleitung im Gehirn des Hundes ermöglicht es ihm, auf seine Umgebung zu reagieren, sich zu orientieren, zu lernen und mit anderen zu interagieren. Es ist ein faszinierender Prozess, bei dem elektrische Signale in chemische Signale umgewandelt werden und verschiedene Bereiche des Gehirns zusammenarbeiten, um dem Hund eine sinnvolle Wahrnehmung seiner Umwelt zu ermöglichen und um nötigenfalls dem Ruf der Wildnis folgen zu können.

Wehret den Anfängen

Je früher wir wahrnehmen, dass unser Hund etwas in der Nase hat, desto besser kommen wir noch in den Hundekopf hinein.

80_ Rufst du noch?

Das Geheimnis des Rückrufs

Der Wunsch ist groß: Auf unseren Pfiff hin hört unser Hund sofort auf mit dem, was er gerade tut, macht auf dem Absatz kehrt und kommt auf direktem Weg freudig auf uns zugelaufen. In der Realität sieht das oft ganz anders aus. Als Welpe kommt er immer noch gerne zu uns, wir sind das Zentrum, um das sich alles dreht. Mit der beginnenden Pubertät wird man allerdings als Hundehalter gerne schon einmal von seinem Vierbeiner hinterfragt (siehe Kapitel 110).

Aber woran liegt es, dass es nicht so gut klappt? Ein klarer Rahmen für den Rückruf hilft hier ungemein. Was nutzen wir für den Rückruf? Haben wir dafür wirklich nur einen Pfiff, ein Wort oder eine Körpergeste oder schleudern wir unserem Hund ganze Podcasts mit Steppeinlage und Pfeifkonzert entgegen? Wir sollten situationsabhängig in der Lage sein, unsere Hunde über ein Wort, ein Pfeifsignal und eine Körpergeste zu motivieren, zu uns zu kommen.

Es ist eine Frage des Timings! Rufen wir immer nur in einer Notsituation, lernt unser Hund schnell: »Oha, ich werde gerufen, wenn etwas Spannendes passiert.« Den Rückruf sollte man langsam und in einer passenden Lernumgebung aufbauen, in der der Hund auch die Chance hat, tatsächlich zu uns zu kommen. Nach und nach wird die Ablenkung gesteigert. Dran bleiben ist jetzt entscheidend. Rückruf heißt auch wirklich Rückruf. Manch ein Vierbeiner stellt uns schon mal gerne auf die Probe, und dann heißt es durchhalten und das Zurückkommen auch wirklich einfordern. Und die Stimmung macht's! Fragen Sie sich: Wie sehe ich eigentlich aus, wenn ich mein Hund rufe? Bin ich freundlich, oder ist die Stimmung bereits gekippt? In welches Gesicht schaut der Hund, wenn er sich von dem abwendet, was er gerade tut? Jedes Herankommen wird belohnt, verbal, mit einem kurzen Spiel oder auch schon mal mit Futter. Auf diese Weise lohnt es sich immer irgendwie, wenn der Hund sich mir zuwendet.

Hast du Töne

Oftmals wird die Pfeife für den sicheren Rückruf konditioniert, da sie gefühlsneutral ist, weit im Ton trägt und immer den gleichen Ton hervorbringt.

81 Die Rute

Wenn der Schwanz mit dem Hund wedelt

Will man die Körpersprache eines Hundes richtig deuten, liefert die Rute zusammen mit der Körperstellung wichtige Informationen. Gelassen schwingend zeigt sie freundliche Gestimmtheit an, heftig wedelnd oder gar peitschend die Aufgeregtheit des Hundes, starr aufgestellt Aufmerksamkeit oder Verärgerung, eingeklemmt drückt der Hund damit Angst oder Unterwürfigkeit aus. Ist dank der angehobenen Rute die Analregion zu sehen, ist der Hund je nach Rutenstellung seinen Artgenossen gegenüber freundlich gestimmt und will sich beschnüffeln lassen, oder aber er droht selbstsicher, plustert sich dadurch auf und will seinem Gegenüber vielleicht gar auf die Pelle rücken. Eine abgesenkte Rute signalisiert anderen Hunden eher, dass man keine Infos über sich preisgeben möchte und je nach Haltung auch Unterwürfigkeit oder äußerste Konzentration. Beim Schwimmen dient die Rute als Steuerruder, bei einem schnellen Sprint zum Ausbalancieren.

Doch was ist, wenn der Hund gar keine Rute hat? Manchen Rassen wurde die Rute im Laufe der Zeit aus ästhetischen oder praktischen Gründen quasi weggezüchtet, und so weisen Bobtails, französische Bullterrier, englische Bulldoggen und viele weitere höchstens noch einen kleinen Stummel auf. Es ist vielleicht kein Zufall, dass es vornehmlich Rassen sind, deren Ruten früher kupiert wurden und deren Genetik sich dadurch im Laufe der Zeit so sehr verändert hat, dass der Nachwuchs auch trotz eines seit 1998 bestehenden Kupierverbots dennoch ohne Rute oder mit Stummelschwanz zur Welt kommt. Hunde ohne Rute oder mit extremer Ringelrute haben es deutlich schwerer, mit ihren Artgenossen zu kommunizieren oder wichtige Botschaften enthaltende Duftstoffe zu verwedeln. Wackelt aufgrund fehlender Rute das ganze Hinterteil, ist das nicht etwa süß, sondern zeugt von »sprachlicher Hilflosigkeit«.

Angeborene Knickruten können die Kommunikation ebenfalls erheblich beeinträchtigen.

Die Rute als Wärmeregulierung
Bei Schneestürmen und großer Kälte rollen sich Schlittenhunde zusammen und schieben ihre Nase unter ihre Sichelrute, die nur wenig Unterwolle aufweist und ihnen daher als Luftfilter dient und die Luft vorwärmt. Andere Rassen strecken bei großer Hitze ihre Rute aus, um dadurch Wärme abzugeben.

82 Sachkundenachweis
Prüfungen für Hundehalter

Der Erlass von Hundegesetzen fällt in den Bereich Gefahrenabwehr und liegt in Deutschland daher im Ermessen der Bundesländer. Vorschriften zur Haltung von Hunden sind zwar schon seit dem frühen Mittelalter bekannt, doch nach einer tödlichen Beißattacke im Jahr 2000 wurden deutschlandweit Hundeverordnungen verschärft, neue Hundegesetze erlassen und von den meisten Bundesländern als Eignungsprüfung für den Hundehalter ein obligatorischer Sachkundenachweis oder ein Hundeführerschein eingeführt. Dafür werden in einer theoretischen Prüfung grundlegende Kenntnisse zu Hundeerziehung und -haltung abgefragt. In manchen Fällen folgt anschließend auch noch ein Prüfungsgespräch. Einige Bundesländer fordern diesen Nachweis nur für Listenhunde, Nordrhein-Westfahlen aber zum Beispiel auch für ausgewachsene Hunde, die über 20 Kilo wiegen oder größer als 40 Zentimeter sind. Der behördlich geforderte Sachkundenachweis ist meist dem Ordnungsamt/Veterinäramt vorzulegen und kann bei bestimmten Tierärzten und anerkannten Sachverständigen abgelegt werden.

Der Begriff Hundeführerschein ist etwas schwammiger und wird unterschiedlich ausgelegt. Daher ersetzt er auch nicht zwingend den Sachkundenachweis. Da es keine bundeseinheitlichen Richtlinien für den Hundeführerschein gibt, legen die Vereine und Verbände (zum Beispiel der VDH/Verband für das deutsche Hundewesen, der BVZ/Berufsverband zertifizierter Hundeschulen und der BHV/Berufsverband für Hundeerzieher und Verhaltensberater), die die Prüfung abnehmen, auch die Prüfungsinhalte individuell fest. Meist wird hier zusätzlich in einer praktischen Prüfung kontrolliert, dass die Halter ihre Hunde in Alltagssituationen sicher unter Kontrolle haben.

Für gewerbsmäßige Hundehalter, für Hundetrainer oder für die Eröffnung einer Hundepension ist je nach Bundesland der Hundeführerschein oder der Sachkundenachweis verpflichtend.

83 Sankt-Bernhards-Hunde

Vom Lawinen- zum Therapiehund

Das im 11. Jahrhundert von Augustiner-Mönchen auf der strategisch günstig gelegenen Schweizer Passhöhe des Großen Sankt Bernhard gegründete Hospiz für Schutzsuchende und Pilger dokumentiert 1695 zum ersten Mal einen großen Hund, der zur Suche nach Reisenden eingesetzt wurde, die sich im Schnee und Nebel auf dem 2.469 Meter ü. M. hohen Berg verirrt hatten. Schnell verbreiteten sich Geschichten und Legenden über die kräftigen Hunde der Mönche, die Schlitten ziehen und Lasten tragen konnten und sogar Napoleon Bonaparte beeindruckten, der im Jahr 1800 mit seinen Soldaten den Pass überquerte. Nur dass die Hunde bei ihren Lawineneinsätzen immer ein Fässchen Rum dabei gehabt haben sollen, ist eine Legende. Von Barry I, der von 1800 bis 1812 im Hospiz lebte, erzählt man, er habe über 40 Menschen das Leben gerettet. Dank ihm wurden die Bernhardiner zum Inbegriff des Lawinenrettungshundes, und es gibt zahlreiche Bücher, die von seinen Heldentaten erzählen. Ihm zu Ehren gibt es in der Zucht übrigens immer einen Rüden namens Barry – auf dem Foto ist V'Barry abgebildet.

Apropos Zucht: Als 1884 das Schweizerische Hundestammbuch gegründet wurde, waren die ersten 29 Eintragungen allesamt Bernhardiner, da sie längst zu beliebten Hütehunden auf den weitläufigen Bauernhöfen in den Bergen und damit zu Vorläufern der heutigen Sennhunde avanciert waren. Seit 2005 führt die Stiftung »Fondation Barry« als älteste Zuchtstätte für Bernhardiner die über 300 Jahre alte Zucht der Mönche des Großen Sankt Bernhard weiter. Jährlich werden hier etwa 20 Welpen geboren.

Längst hat man jedoch erkannt, dass sich leichtere Hunderassen für die Vermisstensuche im Schnee besser eignen, denn der amtierende Barry bringt zum Beispiel stolze 82 Kilo auf die Waage. Die Stiftung setzt die trotz ihrer Masse sehr sensiblen und charakterstarken Tiere daher mittlerweile gerne als Sozial- und Therapiehunde ein, zum Beispiel im Bereich tiergestützter Pädagogik.

In Martigny (Wallis) betreibt die Stiftung »Fondation Barry« das Museum Barryland, in dem sich alles um den berühmten Barry und seine Nachfahren dreht. Hier trifft man natürlich auch immer ein paar echte Vertreter dieser Rasse an (rue du Levant 34, 1920 Martigny). In den Sommermonaten werden einige Bernhardiner auf dem Großen Sankt Bernhard beim Hospizmuseum gehalten.

84__ Schallwellen

Der Sound der Beute

Wir kennen das Bild des Hundes, der, als wäre er eingefroren, über einem Mauseloch steht. Jede Faser seines Körpers ist angespannt wie ein Flitzebogen. Seine Ohren sind aufgestellt und bewegen sich unabhängig voneinander wie ein Radar hin und her. Hier und da wird der Kopf ganz sacht gedreht, um ein wenig feiner zu justieren. Während wir unseren Kopf drehen müssen, um ein Geräusch genauestens orten zu können, brauchen unsere Hunde einfach nur ihre Ohren auszurichten wie kleine Antennen, um genauestens auf Empfang zu gehen.

Von Natur aus hören unsere Hunde viel besser und genauer als wir. Damit ist nicht nur das Geräusch des sich öffnenden Kühlschranks gemeint. Sie können Frequenzbereiche und Tonhöhen wahrnehmen, die uns Mensch entgehen. Selbst das kleinste Geräusch bleibt unseren Hunden nicht verborgen. Dass sie so gut hören können, ergibt im Hinblick auf das Beutespektrum der Caniden durchaus Sinn. Denn Mäuse und andere kleine Nager unterhalten sich überwiegend »auf Ultraschall«. Während wir Schwingungen im Bereich von 20 bis 20.000 Hertz wahrnehmen, liegt das Hörvermögen unserer Hunde im Bereich von 15 bis 50.000 Hertz.

Im Richtungshören sind sie wahre Meister. Sie können zielsicher das Piepen zweier Mäuse in einem Winkel von gerade einmal 7 Grad auseinanderhalten. Bei uns sind es, wenn unser Gehör wirklich noch gut intakt ist, müde 20 Grad, und dabei müssen wir uns wirklich gut konzentrieren können. Ein Selbstversuch im Wald ist hier manchmal sehr aufschlussreich. Augen schließen, genau hinhören und schauen, aus welcher Richtung die Geräusche wohl gekommen sind.

Nur manchmal scheinen ihre Ohren auf Durchzug geschaltet zu haben. Immer dann, wenn es da draußen in der wilden Welt spannende Dinge zu entdecken gibt, der Hundekumpel um die Ecke kommt oder ein halber Döner neben der Parkbank seinen betörenden Duft verströmt. Dann sind sie taub und scheinen uns nicht wahrzunehmen.

Ohne Hörsinn unterwegs
Taube Hunde gleichen ihren fehlenden Hörsinn durch das Tasten, Sehen und den Geruchssinn aus. Taubheit tritt meistens bei Hunden mit weißem Fell auf.

85 Schlappohren

Viel um die Ohren!

Es gibt Hunde mit spitzen Ohren, mit Knickohren, mit Hängeohren und natürlich mit Schlappohren! 17 Muskeln hat der Hund pro Ohr zur Verfügung, um damit kundzutun, ob er entspannt, neugierig, wachsam, ängstlich oder auf Krawall gebürstet ist. Warum nun viele Hunderassen im Gegensatz zur Stehohrfraktion hängende Ohren oder gar Schlappohrlappen besitzen, hat schon den Naturforscher Charles Darwin beschäftigt. Dieser kam zu dem Schluss, dass domestizierte Hunde weniger Adrenalin erzeugen als ihre wild lebenden Verwandten und daher auch weniger präzise mit den Ohren kommunizieren können. Tatsächlich müssen Hunde heute ihre Ohren nicht mehr so stark aufstellen wie beispielsweise der Wolf, und so wurde dieses Domestikationssyndrom immer weitervererbt. Hunden mit »schlaffen« Ohren fällt es deutlich schwerer, eindeutige Signale an ihre tierischen Kollegen zu senden. Dafür sind sie bei vielen Menschen sehr beliebt, weil die lustigen langen Löffel besonders harmlos wirken.

Inzwischen haben Wissenschaftler herausgefunden, dass an diesem Domestikationssyndrom bestimmte Stammzellen beteiligt sind, die in einer frühen Entwicklungsphase in verschiedene Körperteile des Embryos wandern, um dort Spezialaufgaben wie die Herausbildung der Ohrknorpel zu übernehmen. Als man die ersten Hunde domestizierte und sich durch die gezielte Auswahl besonders zahmer und menschenfreundlicher Tiere in der Zucht bemühte, die Adrenalinproduktion zu drosseln und das Aggressionsverhalten zu verringern, mutierten einige dieser Stammzellen und ließen Domestikationsmerkmale wie hängende Ohren entstehen. Dass vor allem viele Jagdhunderassen Schlappohren haben, liegt vermutlich daran, dass sie sich ganz auf die Nasenarbeit konzentrieren sollen und ein bei beispielsweise Herdenschutzhunden gewünschtes Aggressionspotenzial für ihre Konzentration eher hinderlich wäre.

Immer schön sauber bleiben
Schlappohren bedürfen häufig besonderer Pflege, da sie weniger gut belüftet werden und sich Parasiten hier leichter einnisten können. Lange Schlappohren können durchaus einen Qualzuchtfaktor darstellen.

86 Schmackhafte Hinterlassenschaft

Warum Hunde Pferdemist und Hasenköttel fressen

Früh am Morgen noch schnell eine Runde durch den Park gedreht, und aus der Entfernung sehen wir es schon aufblitzen. Das gefürchtete weiße Taschentuch am Rande des Gebüschs. Ein Überbleibsel eines wilden Gelages in der letzten Nacht. Zielsicher macht sich der Hund in Richtung Taschentuch auf, wir scheinen es in Zeitlupe zu beobachten und rufen noch ein letztes Mal. Doch die Ohren scheint unser Hund bereits auf Durchzug geschaltet zu haben. Ein letzter Hechtsprung, und wir sehen mit Grauen, wie er herzhaft in die für uns wirklich fiesen Hinterlassenschaften hineinbeißt.

Was für uns ekelig ist, scheint für unsere Hunde durchaus sehr schmackhaft zu sein. Was genau reitet sie, diverse Arten von Kot zu fressen? Denn manchmal sind es nicht nur die Hinterlassenschaften des letzten Abends, sondern auch Hundekot, Kaninchenköttel oder Fuchsexkremente. Die Gründe hierfür sind sehr unterschiedlich.

Ein guter Grund ist aus Sicht der Tiere, ihr Revier sauber halten zu wollen. Daher fressen zum Beispiel Hunde, die in einem Zwinger leben, der nicht so häufig gereinigt wird, ihren Kot. Ebenso kann es sein, dass der Hund einen Rivalen in seinem Revier nicht duldet und dessen Hinterlassenschaften auffrisst, um seinen Geruch zu entfernen. Auch Hündinnen fressen den Kot ihrer Welpen auf, um die Wurfbox reinzuhalten und eventuelle Infektionen zu vermeiden. Manchmal steckt auch ein Nährstoffmangel dahinter, und der Hund versucht, diesen über das Kotfressen auszugleichen – denn irgendwie steckt ja immer noch ein bisschen Energie drin, die noch verwertet werden kann. Beobachtet man, dass der eigene Hund dies häufig und ohne ersichtlichen Grund tut, ist es ratsam, den Tierarzt hierauf anzusprechen, um einem eventuellen Mangel entgegenzuwirken. Ebenso können durch den Kot Endoparasiten auf den Hund übertragen werden (siehe Kapitel 106).

Auf Nummer sicher gehen
Hat man solch einen Staubsauger an seiner Seite, ist ein Maulkorb manchmal eine gute Alternative, um das Aufnehmen unerwünschter Dinge zu unterbinden.

87__Schwimmen und Tauchen

Wenn Hunde zu Wasserratten mutieren

Auch wenn alle Hunde im Wasser paddeln, heißt das nicht, dass jeder von Geburt an schwimmen kann. Manche sind sogar recht wasserscheu oder vom Körperbau ungeeignet und sollten keinesfalls zum Schwimmen gezwungen werden. US-Forscher haben nachgewiesen, dass grundsätzlich alle Hunderassen dieselbe Schwimmtechnik haben, die einem schnellen Trotten an Land ähnelt. Je kleiner und leichter die Tiere sind, desto rascher müssen sie paddeln. Überhaupt muss diese Technik erlernt und trainiert werden. Häufig bewegen Hunde anfangs ihre Hinterhand zu wenig im Wasser und sinken dadurch hinten ab. Steht der Körper senkrecht im Wasser, kommen sie nicht mehr vorwärts und gehen unter.

Rassen wie Neufundländer, Retriever, Setter, Spaniel, Portugiesische und Spanische Wasserhunde oder Pudel sind häufig gute und enthusiastische Schwimmer, denn sie besitzen meist ein wasserabweisendes Fell, Schwimmhäute zwischen den Zehen und kräftige Ruten für das Steuern der Schwimmrichtung. Die Luft in der Unterwolle von langhaarigen Hunden gibt zusätzlichen Auftrieb. Im Handel sind sogar Hundeschwimmwesten erhältlich, die mehr Stabilität und Sicherheit geben oder ausgebildeten Wasserrettungshunden bei der Arbeit das Schwimmen längerer Strecken ermöglichen.

Hunde können von Natur aus unter Wasser die Luft anhalten, daher gibt es unter den Wasserhunderassen auch begeisterte Taucher, die mit etwas Übung bis zu 4 Meter tief tauchen können. Da Hunde nicht wie wir Menschen instinktiv vor dem Tauchgang besonders tief einatmen, sind es vorwiegend Hunde mit einem großen Lungenvolumen. Einige Rassen, zum Beispiel der Portugiesische Wasserhund, wurden regelrecht dafür gezüchtet, Gegenstände aus dem Wasser zu holen oder Fischschwärme anzuzeigen. Andere Rassen wie der Irish Spaniel eignen sich hervorragend als Wasser-Apportierhunde bei der Jagd auf Federwild und Wasservögel. Sie werden beim FCI in der Gruppe 8: Apportierhunde, Stöberhunde, Wasserhunde geführt.

Wasserrute
Hat ein Hund nach dem Schwimmen plötzlich starke Schmerzen und eine hängende Rute, leidet er vermutlich unter einer »Wasserrute«, denn anspruchsvolles Schwimmen im kalten Wasser kann zur Entzündung der Rücken- und Rutenmuskulatur führen.

88__Spurarbeit
Aufforderung zur Jagd?

Lernt mein Hund über die Spurensuche eigentlich das Jagen? Die Frage wird häufig gestellt, wenn es darum geht, wie man seinen Hund richtig und artgerecht auslasten kann. Diese Frage kann man mit einem klaren Jein beantworten.

Das Ausarbeiten einer Spur finden wir auch im Jagdverhalten unserer Hunde wieder, und die gezielte Suche ist ein Teil der Jagdsequenzen. Die Beute wird auf ihrer Spur verfolgt und aufgespürt. Natürlich schulen wir unsere Hunde über diese Art der Auslastung darin, immer besser eine Spur auszuarbeiten und auch einige Schwierigkeiten zu überwinden, um sie zu meistern. Damit ein Hund aber nicht seine neu erworbenen Supertalente (die hat er zwar schon genetisch mitbekommen, allerdings lüften wir den Schleier ein bisschen) auf eigene Faust nutzt, geben wir dem Ganzen einen klaren 4-Punkte-Rahmen.

Punkt 1: Auf der Spur sollte der Hund an einer circa 5 bis 10 Meter langen Suchleine arbeiten, damit wir notfalls die Möglichkeit haben, auf ihn einzuwirken, sodass er sich nicht verselbstständigen kann und lieber das sucht, was er für interessanter hält. Punkt 2: Rituale etablieren! Immer wiederkehrende Rituale zum Beginn und am Ende der Suche ermöglichen es dem Hund, sich auf die kommende Aufgabe einzustellen und nach getaner Arbeit zur Ruhe zu kommen. Punkt 3: Die Spur, die gesucht werden soll, wird ganz klar definiert. Das kann zum Beispiel eine für den Hund interessante Flüssigkeit sein oder ein über den Boden gezogenes Dummy. Dadurch lernt der Hund, Wildspuren auszuklammern, denn wenn er diesen folgt, kommt er nicht zum Ziel der von uns gestellten Aufgabe, und das Ganze war verschwendete Energie. Punkt 4: Suchen mit viel Ruhe, keine wilde Hatz!

Halten wir diesen Rahmen in der Suche ein, verbinden unsere Hunde die Spurarbeit mit Teamarbeit. Wildspuren werden ausgeblendet, und wir kommen gemeinsam ans Ziel.

Gezielte Spurarbeit
Viele Hundeschulen bieten die Spurarbeit in ihren Kursen an. Sei es als Personensuche, Schleppfährten oder Geruchsstofffährten.

89__Such- und Rettungshunde
Einsatzkräfte auf vier Pfoten

Grundsätzlich lässt sich alles Riechbare durch entsprechend ausgebildete Suchhunde finden, denn der Geruchssinn ist das wichtigste Sinnesorgan des Hundes. Allerdings müssen sie für ihre verschiedenen Aufgaben sorgfältig trainiert werden.

Mantrailer werden trainiert, um eine bestimmte Person zu finden. Den Suchauftrag erhalten die Hunde über einen Gegenstand, an dem der Geruch der vermissten Person haftet. Der Ausgangspunkt der Suche ist die Stelle, an der diese Person das letzte Mal gesehen wurde. Nimmt der Hund ihren Individualgeruch auf, der aus einem Gemisch von mikroskopisch kleinen Hautzellen, die wir Menschen ständig verlieren, und Bakterien der individuellen Hautflora besteht, arbeitet er die oft mehrere Tage alte Spur von alt nach neu ab. Er wird dabei an einer langen Leine geführt und lernt durch Körpersprache anzuzeigen, wenn er die Spur verliert, diese irgendwo endet (zum Beispiel an einer Bushaltestelle) oder er die gesuchte Person identifiziert hat. Mantrailer werden häufig an stark frequentierten Orten wie Innenstädten, Flughäfen, Wohngebieten und so weiter eingesetzt und müssen wie alle Suchhunde lernen, sich durch die Umgebung nicht ablenken zu lassen.

Flächensuchhunde werden dazu ausgebildet, weitläufiges und oft schwer zugängliches Gelände selbstständig (ohne Leine), ausdauernd und systematisch nach menschlicher Witterung abzusuchen und einen möglichen Fund durch Verbellen anzuzeigen. Im Gegensatz zu den Mantrailern arbeiten sie meist gegen die Windrichtung mit hoher Nase. Auch Trümmer- und Lawinensuchhunde arbeiten frei und manchmal sogar an Stellen, die Menschen aufgrund der Gefahrensituation nicht betreten dürfen. Sie spüren menschliche Witterungen als Hochwindsucher auf, wenn zum Beispiel in einem Erdbebengebiet unter den Trümmern eingestürzter Häuser oder unter Schnee- oder Geröllmassen noch lebende Menschen vermutet werden.

Der Bundesverband Rettunghunde e.V. (BRH)
… erstellt nicht nur Ausbildungs- und Einsatzrichtlinien für Suchhunde, sondern ist der Dachverband zahlreicher regionaler Staffeln, die zum Teil in den internationalen Katastrophenschutz integriert sind.

90 Sucht nach dem Ball

Die Leiden des Balljunkies

Immer wieder jagt der Hund dem Ball hinterher. Er scheint nicht müde zu werden und verlangt nach mehr. »Noch mal und noch einmal« scheint er seinem Besitzer zuzurufen! Was passiert eigentlich im Hundekopf, wenn er immer wieder dem Ball hinterherrennt?

Mit dem Werfen des Balls setzen wir einen Reiz, der bestimmte Abläufe im Hundekopf und dann schließlich auch im Körper in Gang bringt. Dieses Bewegungsmuster passt wunderbar zum Beutefangverhalten: die Beute verfolgen und packen!

Hinterherzuhetzen löst Adrenalinschübe aus und belohnt den Hund für sein Verhalten. Das macht zunächst einmal Freude, doch dann kippt es schnell, und er ist immer wieder auf der Suche nach dem nächsten Kick. Der Mensch wird dann von der Bezugsperson zur Wurfmaschine degradiert, wird unter Umständen sogar austauschbar. Besonders Hunderassen mit einem gesteigerten Beutefangverhalten, wie zum Beispiel Hütehunde, sind sehr anfällig für dieses Verhalten. Manchmal kann sich diese Sucht nach dem fliegenden Objekt auch auf andere bewegte Objekte ausweiten. Manch ein Hund reagiert dann bereits allein auf Licht-Schatten-Reflexe. Einen Balljunkie erkennt man daran, dass er nicht gerne freiwillig mit dem Spiel aufhört oder dass er den Ball, wenn er ihn zur Verfügung hat, seinem Herren ständig vor die Füße schmeißt. Es ist ihm egal, was im Außen passiert, im Fokus steht nur noch der Ball.

Ballspielen ist aber nicht generell schlecht, es kommt wie bei so vielen Dingen auf das Wie an. Wie gestalte ich das Holen und Bringen? Darf mein Hund sofort hinterher, muss er warten, bis ich ihn schicke, hole ich einmal den Ball selbst oder kann ich ihn auf dem Weg zum Ball stoppen und eine andere Aufgabe geben? Kreativ sein ist hier die Lösung, Spezialisierungen nutzen und unsere Hunde auch einmal zum Denken bringen und sie nicht ausschließlich stupide Arbeiten ausführen lassen.

Das beliebteste Wurfgeschoss

Nummer eins ist der Tennisball. Allerdings leidet hier nicht nur die Contenance, sondern durch das Material auch die Zähne des Hundes, und so mancher Ball musste schon operativ aus dem Hundeschlund entfernt werden.

91__Tanz an der Leine

Tango im Gleichschritt bei Hundebegegnungen

Ein schmaler Weg, auf dem sich zwei Hunde begegnen, und schon auf 50 Meter Entfernung knistert die Luft. Jede Bewegung des Gegenübers wird genau registriert. Die Spannung ist nahezu greifbar, und beide Hundehalter haben bereits die Erwartung, dass es hier gleich zu einem Duell auf offener Straße kommt. Es wird sich in die Leine geschmissen, gebellt, gejault und die 42 spitzen Argumente ausgepackt. Wenn wir unsere Hunde an die Leine nehmen, beschränken wir ihren Freiraum und damit die Möglichkeit, sich unangenehmen Situationen zu entziehen oder einen größeren Bogen zu laufen, um der Situation mehr Raum zu geben. Allerdings ist es auch nicht ratsam, einfach die Leine abzumachen. Ein »Die machen das schon unter sich aus« ist selten ein guter Berater, da wir hier als Halter die Verantwortung aus der Hand geben und den Hunden die Führung überlassen. Hinzu kommt in solchen Situationen die bereits gemachte Erfahrung bei Hundebegegnungen. Ebenso ist entscheidend, wie sich der eigene Mensch verhält. Ist dieser souverän und entspannt, kann man sich als Hund prima daran orientieren. Wird beim Anblick eines anderen Hundes die Leine um die Hand gewickelt, die Körperbewegungen werden hektisch, und es bricht der kalte Schweiß aus, so sind das deutliche Alarmzeichen, dass da jetzt was auf einen zukommt, was nicht so angenehm wird.

Es müssen aber nicht immer die Begrenzung im Raum oder die bereits gemachte Erfahrung sein, die unsere Hunde aus dem Anzug hüpfen lassen, manchmal ist es der Frust des Hundes, seinem Gegenüber nicht mal eben »Guten Tag« sagen zu können, und dieser Unmut wird lauthals kundgetan.

Wir können unsere Hunde in diesen Situationen unterstützen, wenn Begegnungen kontrolliert und geordnet ablaufen. Seinen Hund auf die andere Seite nehmen, Orientierung bieten oder einen kleinen Bogen laufen, um mehr Raum zu schaffen, kann der Situation die erste Spannung nehmen.

Auf der Suche nach der Richtigen
Welche Leine ist die richtige? Länge, Breite und Eigengewicht sollten dem Hund entsprechend angepasst werden und Verletzungsgefahr durch entsprechendes Material vermieden werden.

92___Tastsinn

Empfindsame Wesen

Wenn unsere Hunde zur Welt kommen, sind sie blind, taub, und auch der Geruchssinn ist noch nicht richtig entwickelt. Der erste Sinn, der sich ausbildet, ist der Tastsinn. Durch diesen können unsere Hunde Berührungen oder taktile Reize wahrnehmen, beurteilen und entsprechend reagieren. Ebenfalls erforschen unsere Hunde durch den Tastsinn ihre Umwelt.

Dazu gehört auch der Körperkontakt zu uns Menschen oder Artgenossen. Er ist hier sehr wichtig für die emotionale Bindung. Wenn wir unseren Hund streicheln, spürt er dies über Rezeptoren, die unter der Haut sitzen und die Empfindungen an das Gehirn weiterleiten. An den Pfoten befinden sich Nerven, die dem Hund signalisieren, auf welchem Untergrund er sich bewegt. Ganz deutlich wird dies für uns zum Beispiel, wenn wir uns anschauen, wie ein Hund über einen Baumstamm läuft oder wie er sich auf einer Eisfläche ganz vorsichtig bewegt.

Ein weiterer Helfer, um die Umwelt zu erkunden, sind die Tasthaare an der Schnauze, den Augenbrauen und dem Unterkiefer des Hundes, die sogenannten Vibrissen. Das sind harte, dicke und feste Haare, die tief in der Haut verankert sind. Meistens sind sie beim Laufen nach vorne gerichtet und reagieren auf kleinste Luftbewegungen. Kommt ein Gegenstand in die Nähe, leiten die Vibrissen diese Information in Bruchteilen einer Sekunde direkt an das Gehirn weiter. Achtung Gegenstand – Kollisionsgefahr.

Besonders bei erblindeten Hunden ist es großartig zu sehen, wie sie beim Training auch im zügigen Tempo eine Spur ausarbeiten können, ohne dabei auf Kollisionskurs mit einem Baum zu geraten.

Mit seinen wunderbaren Tasthaaren kann der Hund ebenfalls prima eine Oberfläche und deren Beschaffenheit erkunden, ohne sich sofort die Schnauze an heißen Gegenständen zu verbrennen, da sie durch ihren Tastsinn auch Kälte, Wärme und Schmerz empfinden.

Haare mit viel Gefühl
Vibrissen können wie das Hundefell ganz normal nachwachsen. Sie sind nur wesentlich fester als das normale Haarkleid.

93 Transport im Auto

Auf großer Fahrt!

Ein Hund im Auto gilt laut Straßenverkehrsordnung als Ladung und muss entsprechend gegen Verrutschen, Umfallen, Hin- und Herrollen gesichert sein – vor allem beim Bremsen und bei plötzlichen Ausweichmanövern! Ist dies nicht der Fall, droht ein Bußgeld.

Hunde sollten sich daher niemals im Fahrzeug frei bewegen können und gehören auf die Rückbank, in den hinteren Fußbereich oder am besten in den Kofferraum. Bei der Auswahl des passenden Systems sind die Größe und das Gewicht des Hundes entscheidend. Systeme wie Rücksitzbarrieren oder Sicherungsröhren, bei denen der Hund auf der Rückbank im Falle einer Vollbremsung durch den Wagen geschleudert würde, sind ein No-Go. Auch Kofferraumtrenngitter schützen lediglich die Insassen vor herumfliegenden Objekten, nicht aber das Tier. Sitzt der Hund zum Beispiel nur in einem durch den Anschnallgurt gesicherten Körbchen auf der Rückbank, sollte er mit einem speziellen, stabilen, gut gepolsterten und passenden Autogeschirr ausgerüstet sein, das zum Beispiel über das Isofix-System mit dem Wagen verbunden wird. Auch kleine Transportboxen für den Fußbereich müssen zusätzlich gesichert werden.

Am besten geeignet sind sicherlich Transport-Gitterboxen für den Kofferraum, die der Größe des Hundes angepasst sind, denn dieser sollte ausreichend Platz zum Liegen haben, aber nicht in der Box herumgeschleudert werden können. Kleinere Boxen lassen sich mit Spanngurten an den Verzurrösen sichern. Einige hochwertige Aluminium-Hundeboxen für den Kofferraum bieten zusätzlich die Möglichkeit eines Notausstiegs, um den Hund nach einem Auffahrunfall mit eingedrücktem Heck über den Innenraum des Fahrzeugs zu bergen.

Wichtig ist, den Hund behutsam an das Autofahren und an seinen angestammten Platz im Fahrzeug zu gewöhnen und ihm viel frische Luft, lange Pausen und Schutz vor Überhitzung zu bieten.

Weiteres Zubehör

Für im Auto mitreisende Hunde lohnt außerdem die Anschaffung von faltbaren Koffer-
raumrampen, die Hunden den Einstieg erleichtern, Alunet-Schattennetzen, mit denen sich
bei Pausen das gesamte Fahrzeug und die offene Heckklappe abdecken lassen, rutschfesten
Unterlagen und auslaufsicheren Wassernäpfen, die nicht umkippen.

94 Urlaub mit dem Hund

Zusammen auf großer Tour

Die Urlaubszeit ist ja bekanntlich die schönste Zeit des Jahres, daher liegt es nahe, sie gemeinsam mit seinem Hund zu verbringen. Ein solcher Urlaub bedarf jedoch einiger Planung und sollte sich auch an den Bedürfnissen des Vierbeiners orientieren. Inzwischen gibt es in Deutschland und vielen Nachbarländern hundefreundliche Hotels, Pensionen und Restaurants, Ferienhäuser mit eingezäuntem Garten und Campingplätze, auf denen Hunde erlaubt sind. Einige Reiseveranstalter haben sogar Pauschalreisen mit Hund im Angebot. Wer mit dem eigenen Auto reist, sollte den Hund ans Fahren längerer Strecken gewöhnt haben und über eine sichere Transportbox verfügen, aber auch gemeinsame Reisen mit der Bahn und dem Flugzeug sind möglich, wenn man die entsprechenden Bedingungen beachtet.

Zur besseren Planung fertigt man am besten eine Check- und Packliste an. Zum Papierkram gehört ein EU-Heimtierausweis, in dem die Impfungen und der Mikrochip des Hundes eingetragen sind. Eine gültige Tollwutimpfung ist obligatorisch und sollte daher jährlich aufgefrischt werden. Je nach Reiseland gelten zusätzliche Bestimmungen (zum Beispiel eine Bandwurmbehandlung oder ein Amtstierärztliches Zeugnis), über die man sich unbedingt rechtzeitig informieren sollte. Auch eine Kopie der Hunde-Haftpflichtversicherung sollte man dabeihaben.

Das Hundegepäck richtet sich natürlich sowohl nach den individuellen Bedürfnissen des Tieres als auch nach dem Klima und dem Reiseziel. Wichtig sind: Reiseapotheke, individuelle Pflegemittel, (Reise-)Futter- und Wassernäpfe, gewohntes Futter, Geschirr und Leinen, Hundebett oder -decke, Handtücher (eventuell Hundebademantel oder Hundemantel), Kotbeutel, Spielzeug, Maulkorb und Pfotenschutz (falls nötig). Bei Fahrten in den Süden empfiehlt sich eine entsprechende Zecken- und Parasitenprophylaxe als Vorbeugung gegen die Überträger gefährlicher Mittelmeerkrankheiten.

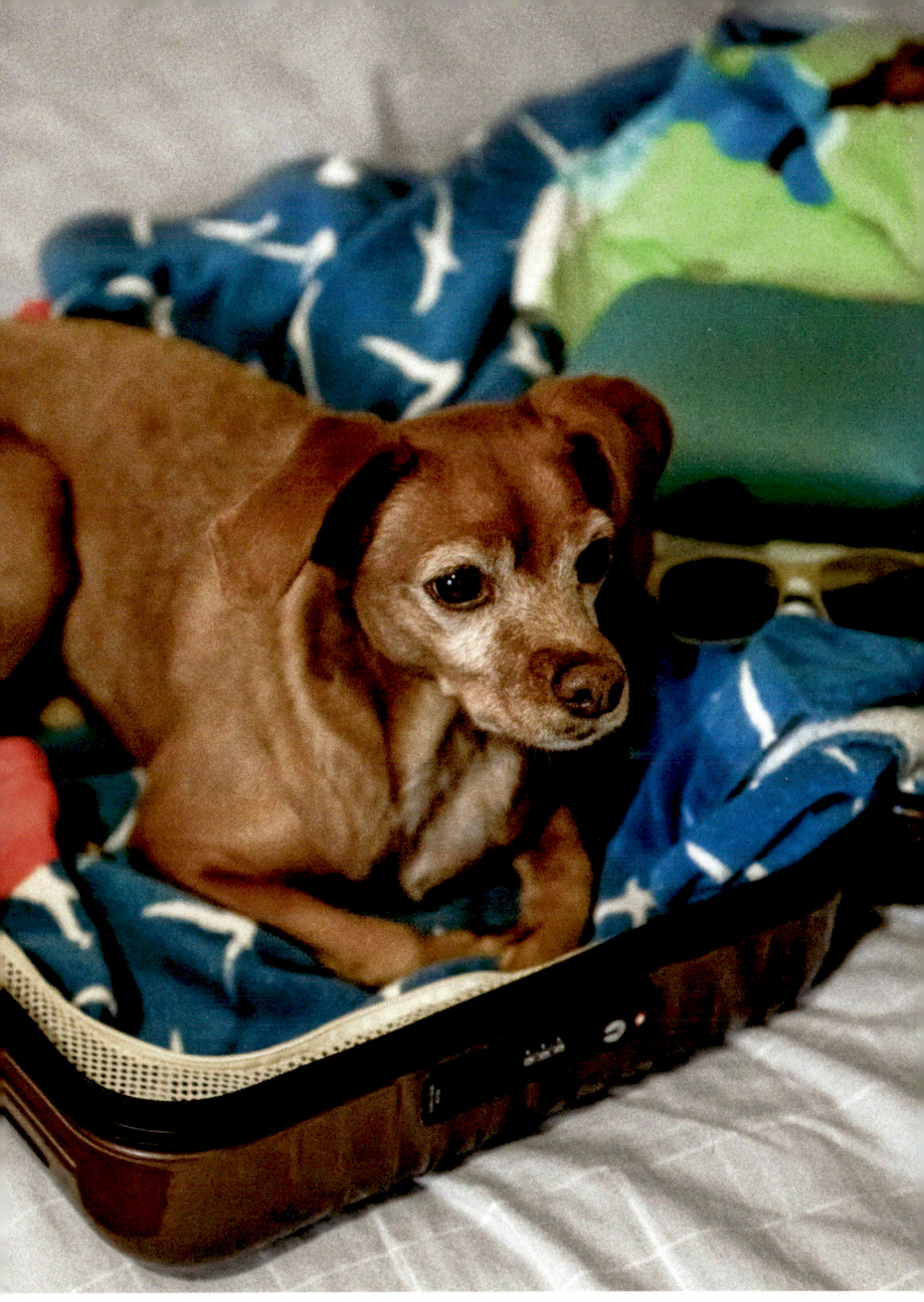

Dänemark

Die Einreise ist hier für bestimmte Hunderassen (und Mischlinge dieser Rassen) untersagt, vor allem für Listenhunde und Hunde, die optisch Kampfhunden ähneln. Laut dänischem Hundegesetz dürfen diese Tiere polizeilich beschlagnahmt und unter Umständen sogar getötet werden.

95 Der Ursprung des Haushunds

Stammt der Hund wirklich vom Wolf ab?

Kaum vorstellbar, dass Pekinesen und Bernhardiner einst die gleichen Vorfahren hatten, und vielleicht hat sich deswegen die Wissenschaft lange mit dem Gedanken schwergetan, dass unsere Haushunde tatsächlich vom Wolf abstammen. Inzwischen gilt es allerdings als erwiesen, dass unsere Vorfahren während der Eiszeit vor etwa 45.000 Jahren auf ihren Wanderungen durch Europa auf die ersten Wölfe trafen und ihnen bei der Hetzjagd auf Mammuts, Büffel, Rentiere und andere große Säugetiere Konkurrenz machten. Es muss damals verschiedene Wolfsarten gegeben haben, von denen die meisten vermutlich jedoch unter der immer stärker werdenden Beuterivalität mit dem Menschen ausstarben. Genanalysen beweisen aber, dass unsere Hunde von einer dieser europäischen Wolfsarten abstammen und bis heute dem *Canis lupus* genetisch nahestehen.

Etwa ab der Jungsteinzeit schlossen sich Menschen und Wölfe zur gemeinsamen Jagd zusammen. Die Wölfe wurden allmählich zu Beschützern der Lager der Eiszeitmenschen, die wiederum mit wärmendem Feuer und einer gemeinsamen Jagdstrategie aufwarten konnten. Spätestens als die Menschen sesshaft wurden, hatten sie einige Wölfe so weit ihren sozialen Regeln untergeordnet, dass sich die einstigen Raubtiere in einem schleichenden Prozess zu zahmen Hunden entwickelten, die wiederum selektiv weitergezüchtet wurden. Nach und nach entstanden so die ersten Hüte-, Jagd-, Wach- und Schlittenhunderassen. Nicht ganz geklärt ist, ob dieser Prozess nicht zeitgleich auch in Asien stattfand und sich dadurch mit der Einwanderung asiatischer Völker nach Europa vor etwa 5.000 Jahren auf einen Schlag auch eine größere Rassevielfalt manifestierte. Je reiselustiger und eroberungswütiger die Menschen wurden, desto vielfältiger wurde auch das Erscheinungsbild des Hundes, wobei sich die moderne, systematische Rassehundezucht erst Mitte des 19. Jahrhunderts etablierte.

FCI
Seit 1911 legt die Fédération Cynologique International beziehungsweise der internationale kynologische Dachverband die Standards für knapp 250 anerkannte Hunderassen fest. Der Hund auf dem Foto ist ein Westsibirischer Laikarüde.

96__Der vegane Hund

Caniden ohne Tierprodukte ernähren

Ein Thema, das in der Hundewelt für Diskussionen sorgt, ist die vegane Ernährung. Viele Tierhalter haben aus verschiedenen Gründen Interesse daran, ihren Hund nicht nur fleischlos zu ernähren, sondern komplett ohne jedwede tierische Produkte, sei es aus ethischen oder gesundheitlichen Gründen. Doch ist das überhaupt möglich?

Die Antwort ist: Ja, es ist möglich, aber es erfordert eine sorgfältige Planung und Umsetzung, um sicherzustellen, dass der Hund alle notwendigen Nährstoffe in ausreichender Menge erhält. Wichtig ist, dass das vegane Futter speziell für Hunde entwickelt wurde. Auch sollte man sicherstellen, dass der Hund genügend Protein, Omega-3-Fettsäuren und Vitamine bekommt.

Dabei gibt es allerdings einige Herausforderungen. Zum Beispiel besitzt pflanzliches Protein nicht die gleiche Qualität und Bioverfügbarkeit wie tierisches Protein und muss daher in höherer Menge verfüttert werden, um den Bedarf des Hundes zu decken. Auch Omega-3-Fettsäuren, die vor allem in Fischöl vorkommen, sollten in der veganen Ernährung des Hundes nicht fehlen. Alternativ können Algen als Quelle für Omega-3-Fettsäuren eingesetzt werden.

Es ist also wichtig, dass man bei einer veganen Ernährung des Hundes auf eine ausgewogene und sorgfältig geplante Ernährung achtet und diese in Absprache mit einem Tierarzt durchführt. Der Tierarzt kann hierbei auch helfen, die Nährstoffversorgung zu überwachen und gegebenenfalls entsprechende Ergänzungen empfehlen.

Mittlerweile gibt es fachlich sehr gut ausgebildete Ernährungsberater für Hunde, die den Halter optimal bei der veganen Ernährungsweise beraten, begleiten und unterstützen. Wenn man sich also dafür entscheidet, bei der Ernährung seines Hundes auf tierische Produkte gänzlich zu verzichten, muss man wesentlich mehr Zeit und Aufmerksamkeit in die Planung und Auswahl des Futters stecken.

Abwägung tut not
Die Entscheidung, einen Hund vegan zu ernähren, erfordert eine sorgfältige Abwägung
zwischen ethischen Überlegungen und dem Wohlergehen des Tieres.

97 Versicherungen

Hundekranken- und Halterhaftpflichtversicherungen

Jeder Halter haftet persönlich für alle Schäden, die sein Hund – verschuldet oder unverschuldet – verursacht, und die können leider schnell Unsummen erreichen. Doch genau wie die Kennzeichnungspflicht (siehe Kapitel 55) ist auch die Pflicht zum Abschließen einer Hundehalterhaftpflichtversicherung in Deutschland nicht etwa einheitlich geregelt, sondern regional. Je nach Bundesland müssen entweder alle Hunde (zum Beispiel Berlin, Hamburg, Niedersachsen) oder nur die als gefährlich eingestuften Hunde (zum Beispiel NRW, Bayern, Sachsen) versichert werden. Allein in Mecklenburg-Vorpommern besteht überhaupt keine Pflicht zum Abschluss einer Haftpflichtversicherung. In Nordrhein-Westfalen müssen hingegen neben Listenhunden auch Hunde, die über 20 Kilo wiegen oder eine Widerristhöhe von mindestens 40 Zentimeter haben, haftpflichtversichert werden. Darüber hinaus obliegt den Bundesländern auch die Festsetzung der Höhe der Deckungssumme und ab welchem Alter ein Hund versichert sein muss. Verstöße gegen die gesetzlichen Regelungen können mit Bußgeldern bis zu 100.000 Euro geahndet werden.

Eine Hundekrankenversicherung ist zwar keineswegs verpflichtend, aber angesichts der 2022 wieder gestiegenen Sätze der Gebührenordnung für Tierärzte (GOT) durchaus sinnvoll, wenn man sich für den Fall der Fälle nicht regelmäßig etwas ansparen möchte oder eventuell für eine lebensrettende Operation nicht genug auf der hohen Kante hat. Hier wird noch einmal zwischen reinen OP-Versicherungen und sogenannten Vollschutzversicherungen, die auch nicht-operative Behandlungen abdecken, unterschieden. In beiden Fällen heißt es unbedingt das Kleingedruckte lesen, verschiedene Anbieter vergleichen und abwägen, welcher Tarif am besten zu einem passt und ob nicht etwa die genetischen Anomalien meines Rassehundes ausgeschlossen sind. Letztlich hilft hier nur, den Taschenrechner zu zücken und Leistungen und Tarife genau zu vergleichen.

Vorbeugen ist besser als heilen
Viele Krankheiten können, wenn sie frühzeitig erkannt werden, recht günstig behandelt werden. Daher empfehlen sich regelmäßige Check-ups beim Tierarzt.

98_ Vitalfunktionen
Wenn der Hund Kreislauf hat

Manchmal schauen wir unseren Hund an und haben das Bauchgefühl »Da stimmt irgendetwas nicht«, können aber nicht wirklich benennen, woran es liegt. Gut, wenn man die normalen Vitalwerte seines Hundes kennt, um einen ersten Check-up durchzuführen! Für den Fall der Fälle ist es immer von großem Vorteil, vorbereitet zu sein (siehe Kapitel 27). Je besser wir für den Notfall gerüstet sind, umso souveräner können wir helfen. (Die folgenden Werte gelten nur für erwachsene Hunde.)

Der Puls: Den Puls unserer Hunde misst man am besten an der Hauptschlagader in der Leiste. Das kann man sehr gut ausprobieren, wenn er ganz entspannt neben uns liegt, um seinen Durchschnittswert zu ermitteln. Der Puls sollte zwischen 80 und 120 pro Minute liegen. Allgemein kann man sagen, je jünger und kleiner der Hund ist, desto höher die Anzahl der Pulsschläge pro Minute. Je größer und älter der Hund ist, je langsamer ist der Pulsschlag.

Die Körpertemperatur: Die durchschnittliche Körpertemperatur liegt zwischen 37,5 und 39 Grad und wird meistens beim Tierarzt innerhalb einer Routineuntersuchung überprüft. So lässt sich auch hier ein Durchschnittswert der Körpertemperatur ermitteln. Der Tierarzt zeigt gerne das richtige Fiebermessen.

Die Atemfrequenz: Die Atemfrequenz liegt je nach Größe des Hundes zwischen 10 und 40 Atemzügen in der Minute. In einer ruhigen Minute die Hand auf den Brustkorb des Hundes legen und mitzählen. Das beruhigt nicht nur den Hund, sondern uns manchmal auch.

Die kapillare Rückflusszeit gibt Auskunft über den Kreislaufzustand unseres Hundes und beträgt in etwa 2 Sekunden. Diesen Wert können wir feststellen, indem wir die Lefze unseres Hundes anheben und oberhalb der Zähne kurz mit leichtem Druck auf das Zahnfleisch drücken. Die Haut verfärbt sich durch den Druck kurz weiß und sollte innerhalb von 2 Sekunden wieder die normale rötliche Farbe angenommen haben.

Übung macht gelassen
Hin und wieder einmal die Vitalwerte des Hundes zu überprüfen schafft Sicherheit für den Ernstfall, und auch der Hund gewöhnt sich an die Abläufe.

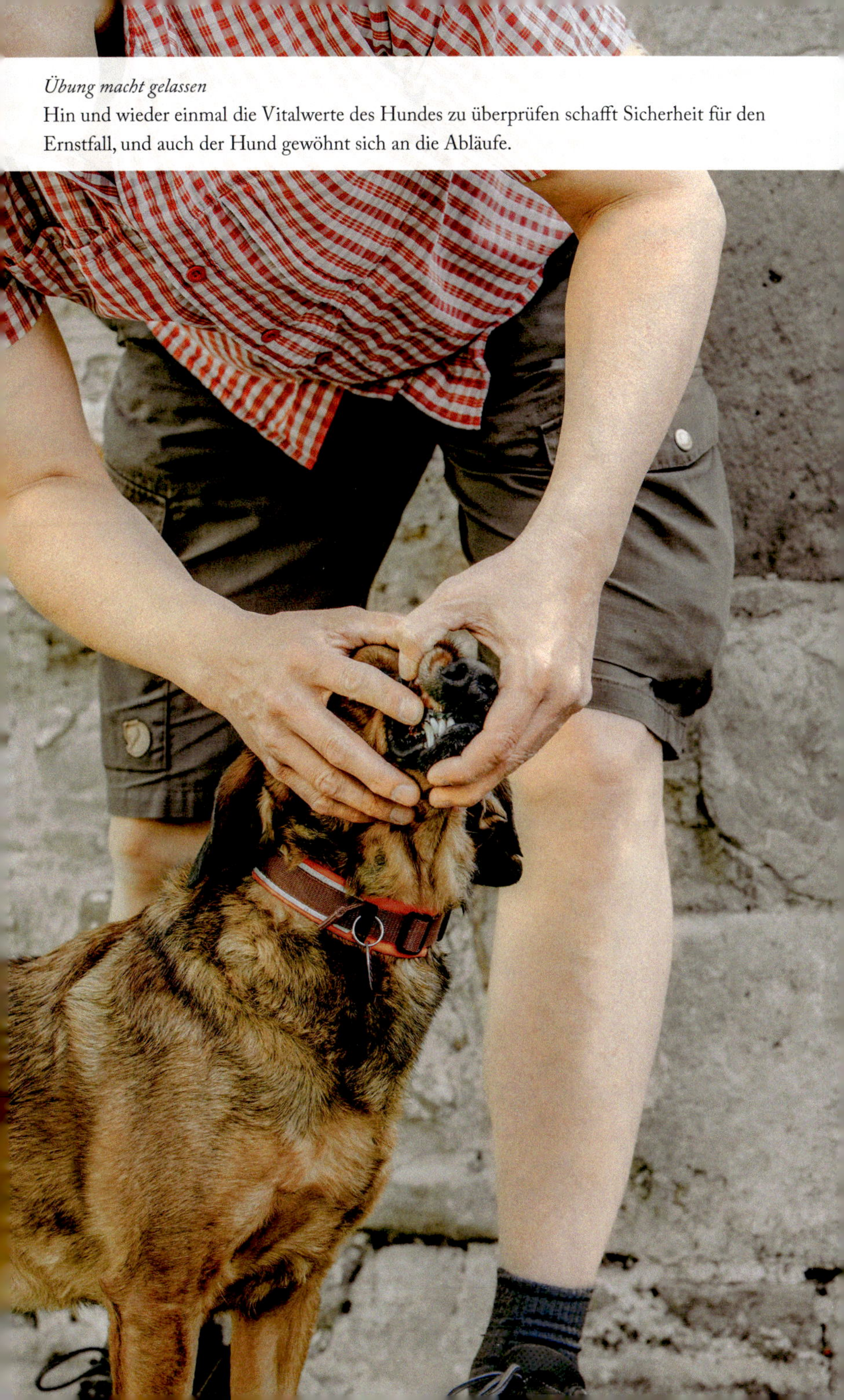

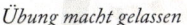

99__Wahrnehmung
Die Kopfform beeinflusst das Gesichtsfeld

Selbst die kleinste Bewegung bleibt unserem Hund auf dem Spaziergang nicht verborgen. Wir können noch so gut die Umgebung abscannen, und dennoch erblickt unser Hund das sich bewegende Ohr eines Rehs viel früher als wir. Unser Sehvermögen und das unserer Hunde unterscheidet sich deutlich voneinander. Aber nicht nur der Aufbau des Auges, auch die Kopfform, die Anordnung der Augen und Ohren spielt eine große Rolle dabei, was wir wahrnehmen und was außerhalb unseres Sichtbereiches liegt.

Das Gesichtsfeld eines Menschen beträgt circa 180 Grad, wenn wir den Blick geradeaus richten und weder den Kopf noch die Augen bewegen. Das entspricht ungefähr einem Geodreieck aus dem Mathematikunterricht, welches wir uns mit der spitzen Seite an die Nasenwurzel legen. In diesem Bereich nehmen wir Bewegungen gut wahr. Bei unseren Hunden sieht es etwas anders aus. Hunde mit einem relativ kurzen Fang haben ein Gesichtsfeld von etwa 220 Grad und sind im räumlichen Sehen ein wenig besser als ihre langschnauzigen Kollegen. Das ist schon einmal eine Ecke mehr als wir. Hunde mit einem langen Fang toppen das Ganze noch einmal mit einem Gesichtsfeld von circa 270 Grad, büßen hier aber, was das räumliche Sehen angeht, einiges ein. Wir können das ein wenig nachempfinden, indem wir unseren Blick auf die Vorderseite unseres Schulterblattes richten und einmal genau beobachten, was wir nun alles im Blick haben. Es mutet fast wie ein Rundumblick an.

Aber nicht nur die Kopfform beeinflusst das Sehen, auch die Ohrenform hat einen großen Einfluss auf das Gesichtsfeld. Hunde mit spitzen Ohren haben mehr Sicht als Hunde mit Schlappohren. Wenn man ganz genau schauen möchte, nimmt man noch die Fellbeschaffenheit unter die Lupe. Es erscheint logisch, dass der Vierbeiner mit kurzen Haaren mehr Ausblick hat als der zottelige Hund. Und, wie schaut es nun mit dem eigenen Hund aus?

Gut im Blick

Läuft der Hund vor uns her, hat er uns meistens doch im Blick. Nehmen wir die Leine in die Hand, um ihn heranzurufen, startet der ein oder andere schon einmal durch, und wir haben den Eindruck, dass er Gedanken lesen kann.

100_ Warum Hunde bellen

Hunde, die bellen, beißen nicht?

Glaubt man der bekannten Redensart, sind laut bellende Hunde eigentlich harmlose Angeber. Aber ganz so einfach ist das nicht, denn das Bellen kann verschiedene Gründe und Motivationen haben und reicht von einem kurzen Warnsignal über lang anhaltendes, monotones Heulen bis zu hysterischem Gekläffe. Bellen Hunde aus Freude oder Erregung, bestimmte Menschen oder Artgenossen zu sehen, oder wollen sie diese mit fröhlichem Gebell zum Spiel auffordern oder einfach nur Aufmerksamkeit erregen, beißen sie natürlich nicht zu.

Anders verhält es sich, wenn Hunde aus Aggression, Wut, Frust, Stress, Reizüberflutung, aus Angst und Unsicherheit, aus Schmerzen, Wachsamkeit und um ihr Revier zu verteidigen bellen. Dann heißt es, das Bellen als Warnzeichen zu erkennen und an der Körpersprache des Hundes abzulesen, ob man besser Abstand wahren sollte. Hunde kommunizieren mit ihrem Gebell ihre emotionale Verfassung und haben dieses im Laufe des Zusammenlebens mit den Menschen, im Gegensatz zu den Wölfen, so weit verfeinert, dass sie uns zum Teil sogar nachahmen und von uns gut verstanden werden können. Umgekehrt wurde das Lautgeben der Hunde in der Zucht auch bewusst selektiert, daher liegt Hunderassen, die als Wachhunde gezüchtet werden, das Bellen quasi im Blut. Auch einige andere Hunderassen wie Spitz oder Terrier gelten aufgrund ihres territorialen Verhaltens und um sich größeren Artgenossen gegenüber zu behaupten als wahre Kläffer, weil sie von Natur mehr bellen als andere Hunde.

Das Bellen zahlreicher Jagdhunderassen wird Läuten genannt und signalisiert den Jägern, dass der Hund Wild gefunden hat und wohin die Fährte führt, oder er will sie mit anhaltendem Standlaut herbeirufen. Bei anderen Rassen klingt das Bellen auf der Schweißspur eher nach einem hohen, durchdringenden Japsen, doch allen Stöber- oder Schweißhunden ist gemein, dass sie mit ganzer Lungenkraft Laut geben.

101__ Was ist Beute?

Ressourcen, für die es sich lohnt einzustehen

»Also wenn er frisst, darf keiner an den Futternapf! Da versteht er keinen Spaß.« Den Begriff des Futternapfs können wir beliebig gegen Spielzeug, Kauknochen, Liegeplätze, besondere andere Gegenstände oder sogar Personen austauschen. All das können Ressourcen für den Hund sein, für die es sich lohnt einzustehen.

Erkennen können wir dies zum Beispiel, wenn der Hund mit angespanntem Körper und gesenktem Kopf über der Ressource steht. Sollte er etwas für ihn Bedeutsames im Fang halten, wendet er sich mit dem Kopf oder dem Körper ab, hat dabei allerdings seinen Widersacher noch genauestens im Auge. Wenn das Abwenden und Steifmachen für das Gegenüber nicht deutlich genug ist, geht er einen Schritt weiter und verteidigt durch Knurren und Abschnappen seine Ressource.

Aus verhaltensbiologischer Sicht ist die Ressourcen-Sicherung und Verteidigung in einem gewissen Maße durchaus sinnvoll, denn sie garantiert unseren Hunden biologische Fitness. Sei es in Form von Nahrung, dem Sozialpartner oder dem warmen Platz, an dem man zur Ruhe kommen kann, um wieder ausgeruht auf die Jagd zu gehen.

Oftmals entsteht das Sichern oder Verteidigen von Ressourcen unserer Hunde durch ein falsch verstandenes Spiel, zergeln mit Spielzeug, falsche Absprachen im Training oder auch schon bei der Fütterung der Welpen aus einem einzigen Napf. Auch das oft empfohlene »Nehmen Sie Ihrem Hund den Napf beim Fressen einmal weg« ist für unsere Hunde unverständlich und führt zu Missverständnissen, Verteidigung des Futternapfs und Misstrauen.

Daher sollten wir schon mit dem Welpen Absprachen über Ressourcen getroffen werden, um Missverständnisse zu vermeiden und die Idee des jungen Hundes »alles meins« präventiv ändern, indem wir im Alltag und Training ganz entspannt und ritualisiert das Überlassen von Ressourcen als etwas Selbstverständliches ansehen.

Quid pro quo
Tauschen ist eine gute Möglichkeit, schon mit dem jungen Hund Absprachen über Ressourcen zu treffen. Eine Socke lässt sich schon mal prima gegen ein Stück Futter eintauschen.

102__ Wellness für die Seele

Wenn die Hand im Hundepelz versinkt

Gemütlich zusammen mit seinem Vierbeiner auf der Couch sitzen und die Hand ganz nebenbei durch den Hundepelz wandern lassen. Von den Ohren über den Rücken bis zum Rutenansatz entlang. Jeder Hund hat da seine besonderen Vorlieben. Manch einer lässt sich sogar gerne die Pfoten massieren. Nicht nur unsere Hunde genießen das mit jeder Faser des Körpers, sondern auch mit unserem Gemütszustand macht diese Wellnessbehandlung eine Menge.

Während wir die Hand durch das Hundefell gleiten lassen, unsere Rezeptoren und die Rezeptoren unseres Hundes diese Berührung an unser Gehirn weiterleiten, schüttet unser Körper das Bindungshormon Oxytocin aus. Es sorgt dafür, dass unser Wohlbefinden steigt, und fördert die soziale Bindung. Nicht nur bei uns, sondern auch bei unseren Hunden. Es gibt bereits Untersuchungen, in denen bestätigt wird, dass allein der Blickaustausch zwischen unseren Hunden und uns die Ausschüttung des Bindungshormones bewirken kann. Bei der gemeinsamen Fellpflege können wir auch noch das Stresshormon Cortisol reduzieren. Der Blutdruck sinkt, die Atmung wird ruhiger, und wir fühlen uns entspannt. Wer entspannter ist, geht leichter miteinander durchs Leben. Mittlerweile ist es sogar wissenschaftlich belegt, dass Besitzer eines Hundes viel seltener von Herz-Kreislauf-Erkrankungen betroffen sind als Nichthundehalter.

Aber nicht nur unsere körperliche Fitness wird aktiviert, auch unser seelischer Zustand kann durch einen Hund verbessert werden. Hunde sind sehr fein darin, auf unsere Stimmung wie Freude, Stress, Angst oder Depressionen zu reagieren. Dadurch, dass sie Geborgenheit, Nähe und Wärme vermitteln können, geben sie Halt und bauen Einsamkeit ab. Definitiv einige sehr gute Argumente für das Zusammenleben mit einem Hund, um körperlich wie auch geistig gesund und fit zu bleiben und seine Abwehrkräfte auf den gemeinsamen Spaziergängen zu stärken.

Der Partner an meiner Seite
Es gibt mittlerweile verschiedenste Studien, die die positive Wirkung von Hunden auf uns Menschen wissenschaftlich nachweisen.

103_ Welpen

Solange die Milchbar geöffnet ist

Liegen Mutter und Welpen nach der Geburt sauber und warm, muss überwacht werden, dass alle Welpen Zugang zur Muttermilch haben. Eventuell hilft man beim Suchen nach den Zitzen ein wenig nach, während die Mutter durch Belecken der Jungen deren Verdauung anregt. Da die Kleinen in den ersten Wochen nach der Geburt ihre Körpertemperatur noch nicht selbst halten können, sollte man sie möglichst selten und nicht länger als 5 bis 10 Minuten herausnehmen. Für die Geschlechtsbestimmung die Welpen behutsam aufnehmen und abtasten: Männliche Welpen haben unterhalb des Bauchnabels bereits einen Penisansatz mit einem kleinen Loch in der Mitte. Die Hoden sind erst ab circa 6 Wochen tastbar, wenn der Abstieg in den Hodensack erfolgt ist. Weibliche Welpen haben unter dem Anus eine kleine, blattförmige Vulva, die jedoch von feinen Haaren bedeckt sein kann. Viele Züchter kennzeichnen ihren Wurf mit dünnen Welpenhalsbändern, um sie von Anfang an unterscheiden zu können.

Welpen sind bei der Geburt blind, taub und zahnlos, schlafen 90 Prozent des Tages, verdoppeln aber innerhalb der ersten Lebenswoche schon ihr Geburtsgewicht, das sie erst nach gut 2 Wochen auf den Beinen tragen können. Richtig laufen lernen sie ungefähr ab dem 21. Tag. Nach etwa 2 Wochen (10. bis 16. Tag) öffnen sich auch die Ohren und die Augen, wodurch sie mit jedem weiteren Tag ein Stück weit selbstständiger und aktiver werden. Ab der 4. Woche nimmt die Milchproduktion der Hündin allmählich ab, und parallel treten die Zähne der Welpen langsam hervor. Das Spiel mit den Wurfgeschwistern wird immer wichtiger, und die Neugier wächst mit jedem Tag. Mit der 8. Woche sind die Welpen meist komplett von der Muttermilch entwöhnt und voll in der Sozialisierungsphase, in der ihr Verhalten besonders stark durch Beobachtung und soziale Kontakte geprägt wird (siehe Kapitel 26). Jetzt stehen auch die ersten Impfungen an.

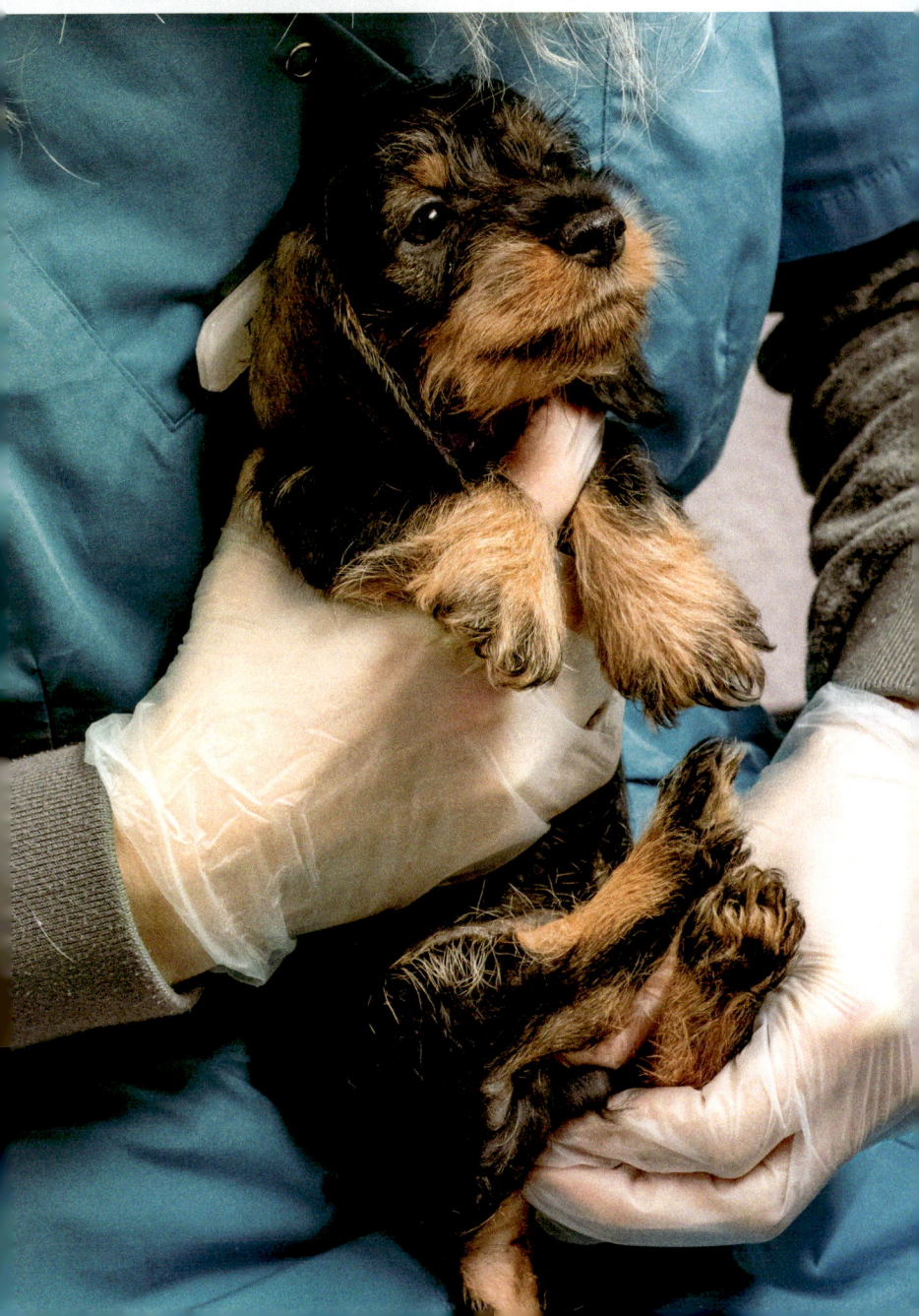

Entwöhnung

In Deutschland dürfen Welpen ab der 8. Woche dauerhaft von der Mutter getrennt werden, doch je länger sie bei ihren Geschwistern verweilen können, desto besser sind sie sozialisiert, um selbstbewusst ihr neues Zuhause kennenzulernen.

104_ Windhunde

Schnell wie der Wind

So unterschiedlich das Erscheinungsbild der weltweit 26 anerkannten Windhundrassen auch sein mag, handelt es sich doch bei allen
Vertretern um sogenannte Sicht- und Hetzjäger, die über Geschwindigkeit und Sicht und nicht wie andere Jagdhunderassen über Geruchssinn oder Ausdauer jagen.

Es gibt langhaarige (befederte), kurzhaarige, rauhaarige, kleine
und große Windhunde, solche mit Schlappohren oder Stehohren.
Ihnen allen ist ihr schlankes Erscheinungsbild mit ausgeprägtem
Brustkorb, aufgezogener Bauchpartie, langen Beinen, spitz zulau-
fendem Gesicht und langem Hals gemeinsam. Egal, ob maximal
5 Kilo leichte, italienische Windspiele (die kleinste Windhunde-
rasse), Greyhounds (die schnellsten Hunde der Welt), Afghanen
mit ihrem langen, seidigen Fell oder Irish Wolfhounds, die mit einer
Schulterhöhe bis zu 79 Zentimeter als weltweit größte Hunderasse
gelten – sie alle sind seit vielen Jahrhunderten für die Jagd gezüch-
tete Gebrauchshunde, was ihnen zum Teil auch bis heute zum Ver-
hängnis wird. Zum einen unterschätzen viele Menschen bei der
Anschaffung eines Windhundes den Bewegungsdrang, die Jagd-
leidenschaft und die Eigenständigkeit dieser ansonsten so sanft-
mütigen und familienfreundlichen Rassen, zum anderen werden
Windhunde (meist Galgos) vor allem in Spanien immer noch zur
Hetzjagd auf Hasen und zu kommerziellen Windhunderennen eingesetzt und daher massenweise gezüchtet, auf oft grauenvolle Weise
zunächst auf Geschwindigkeit trainiert und später zu Zehntausen-
den pro Jahr einfach entsorgt (getötet oder ausgesetzt), wenn sie die
Erwartungen nicht erfüllen oder einfach ausgedient haben.

Um dem Bewegungsdrang und der Leidenschaft, hinter einem
schnellen Gegenstand hinterherzurennen, der Barsois, Greyhounds,
Podencos, Whippets und Co. gerecht zu werden, gibt es auch bei uns
zahlreiche Windhundrennvereine, die Ovalbahnrennen und Coursing-
Wettkämpfe organisieren.

Der ideale Windhund-Sport
Während es auf festen Ovalrennbahnen, auf denen die Hunde einer geschleppten Hasen attrappe hinterherlaufen, allein um die Geschwindigkeit geht, wird beim Coursing auf freiem Feld eine Hasenhetze simuliert und auch das Jagdverhalten der Hunde bewertet.

105 _ Winterzeit

Zusammen die kalte Jahreszeit genießen

Spätestens wenn wir nur noch mit Mütze, Schal und dicken Stiefeln vor die Tür gehen, weil es friert oder unsere Gassirunde unter einer Schneedecke versunken ist, müssen wir unsere Hunde gut im Blick haben und dafür sorgen, dass sie sich in dieser Jahreszeit draußen wohlfühlen. Beim Spazierengehen oder Wandern sollten die Tiere in Bewegung bleiben und nicht lange auf kaltem Untergrund verweilen müssen, da sonst Blasenentzündungen oder Erkältungen drohen. Die meisten Hunde lieben es, im Schnee zu toben, fangen sie jedoch an zu zittern oder wirken sie verkrampft, sind das sichere Anzeichen, dass sie frieren. Viele Hunde haben eine gute Thermoregulierung, ausreichend Unterwolle und ein dickes Winterfell. Kurzhaarige, alte, immungeschwächte oder aus südlichen Ländern stammende Hunde benötigen hingegen schon mal einen Mantel, der sie vor Kälte und Nässe schützt. Dieser sollte atmungsaktiv sein und vor allem ausreichend Bewegungsfreiheit bieten.

Auch die Pfotenpflege ist in dieser Jahreszeit besonders wichtig, denn Kälte und Streusalz setzen den Ballen zu und führen zu Entzündungen und Rissen. Die Pfoten sollten daher nach jedem Spaziergang kurz mit lauwarmem Wasser gesäubert und anschließend abgetrocknet werden. So wird auch verhindert, dass die empfindliche Zwischenzehenhaut leidet und sich die Hunde das Salz ablecken. Auf rissige Ballen anschließend eine pflegende Spezialsalbe auftragen. Parallel das Fell an den Pfoten stutzen oder die Pfoten vor dem Spaziergang gut einfetten, damit sich dort keine Schnee- oder Eisklumpen bilden, die äußerst schmerzhaft sein können. Besonders empfindliche Hundepfoten kann man auf langen Wanderungen mit Schuhen oder Booties vor Streusalz, Splitt und Eisbildung schützen.

Sind die Hunde bei Kälte und Schnee viel draußen, benötigen sie eventuell ein energiereicheres Futter, um ihren Temperaturhaushalt in Gang zu halten. Mit etwas Umsicht steht dann aber einer schönen Winterwanderung nichts im Wege.

Schneeklumpen

… bilden sich nicht an den Pfoten nordischer Schlittenhunderassen, da diese anders durchblutet werden, um größeren Wärmeverlust zu verhindern. Da ihre Pfoten nicht so warm werden, schmilzt dort auch kein Schnee zu Klumpen an.

106_ Wurmkuren

Wenn der Wurm drinsteckt

Hunde haben immer Würmer, denn Wurmeier lauern quasi überall, wo Hunde im Freilauf umherstreifen. Um Wurmeier aufzunehmen, müssen Hunde nicht unbedingt Aas, kleine Nagetiere oder Kot fressen, es reicht schon, wenn sie daran schnüffeln oder wenn sie sich im Freien wälzen und sich hinterher das Fell ablecken. Sogar Flöhe und andere Parasiten können Würmer auf den Hund übertragen. Welpen können sich mit schlimmen Folgen über die Hundemutter infizieren, und auch die Fütterung mit rohem Fleisch und Innereien stellt ein gewisses Risiko dar. Unbestritten ist, dass diese Endoparasiten beim Hund chronischen Durchfall, Haut- und Fellkrankheiten hervorrufen und Darm und andere innere Organe nachhaltig schädigen. Zudem können bestimmte Spul- und Bandwürmer auch vom Hund auf den Menschen übergehen und in dessen Organsystem zu Gesundheitsschäden führen.

Außer von Spul- und Bandwürmern (Fuchsbandwurm, Gurkenkernbandwurm, Madenwurm …) werden Hunde häufig von Hakenwürmern, Peitschenwürmern, Lungenwürmern und im Mittelmeerraum auch von Herzwürmern befallen und zeigen meist erst nach fortgeschrittenem Befall Symptome wie: Juckreiz (»Schlittenfahren«), stumpfes Fell, Durchfall (teilweise blutig), Erbrechen, Appetitlosigkeit, Abmagerung, aufgeblähter Bauch (»Wurmbauch«) und Blutarmut. Massiv befallene Hunde erbrechen oder scheiden Würmer mit dem Kot aus; bei Spulwürmern dauert diese Präpatenzzeit zum Beispiel nach der Aufnahme 7 bis 9 Wochen.

Bei Verdacht auf Wurmbefall sollte der Hund unbedingt tierärztlich untersucht und die spezifische Wurmart bekämpft werden. Um den Zeitraum von der Infizierung mit Wurmeiern bis zur Ausscheidung neuer Vermehrungsprodukte abzudecken, wird generell empfohlen, Hunden alle drei Monate eine Wurmkur in Form von Tabletten zu verabreichen, die in deren Darm rund 24 Stunden lang Würmer in allen Entwicklungsstadien abtöten.

Eine Wurmkur für die Reise
Vor der Einreise in einige Länder – darunter Norwegen, Großbritannien, Irland, Finnland –
müssen Hunde 24 bis 120 Stunden vor Grenzübertritt mit den Wirkstoffen Praziquantel
oder Epsiprantel gegen Bandwürmer behandelt und die Details der Behandlung von der
Tierarztpraxis im EU-Heimtierausweis vermerkt worden sein.

107 Zahnwechsel

Säbelzahntiger im Wohnzimmer

Angeknabberte Stuhlbeine, der Wohnzimmerschrank hat schon eine Ecke ab, und auch alles andere scheint vor dem 4 Monate alten Jungspund nicht sicher zu sein. Gerade glaubt man, im ruhigen Gewässer angekommen zu sein, die spitzen kleinen Zähnchen werden nicht mehr überall hineingebohrt, sondern schon halbwegs differenziert eingesetzt, da geht das Ganze wieder von vorne los.

Ab dem 3. Monat kommen unsere Hunde schon wieder in den Zahnwechsel. Über die Schneidezähne zu den vorderen und den hinteren Backenzähnen, die noch nicht im Milchgebiss enthalten sind, sowie den Fangzähnen entwickelt sich so langsam das bleibende Gebiss. Ach ja, und der noch nicht vorhandene vordere Backenzahn mit dem Namen P1 möchte auch bald ans Tageslicht. Das Milchgebiss mit seinen 28 Zähnen wandelt sich zum bleibenden Gebiss mit stattlichen 42 Zähnen. Die brauchen selbstredend Platz und das Milchgebiss muss Zahn um Zahn weichen. Das bedeutet natürlich, dass es drückt, juckt und schmerzt. Um dieses Gefühl zu lindern, suchen sich die jungen Hunde Gegenstände, auf denen sie herumkauen können.

Hinzu kommt noch, dass der junge Hund auch über sein Maul die Umwelt erfährt und neue Eindrücke sammelt, indem er in Dinge hineinbeißt und sich weiter im differenzierten Griff übt. So lernt dieser kleine Weltentdecker viel darüber, wie er etwas richtig halten kann und inwieweit er die Kraft seines Gebisses einsetzen kann und muss.

Was tun mit solch einem kleinen Säbelzahntiger? Schnell regen wir uns auf, sind unfair oder reagieren über. Unsere Hunde wissen nicht, was sie gerade falsch oder richtig machen. Es juckt und drückt halt, und dieses Gefühl möchte man gerne so schnell wie möglich loswerden. Da ist es gut, eine Alternative zu haben. Eine kalte Möhre oder ein Stück Hartholz, welches nicht splittert, helfen dem Welpen, seinen Bedürfnissen nachzukommen.

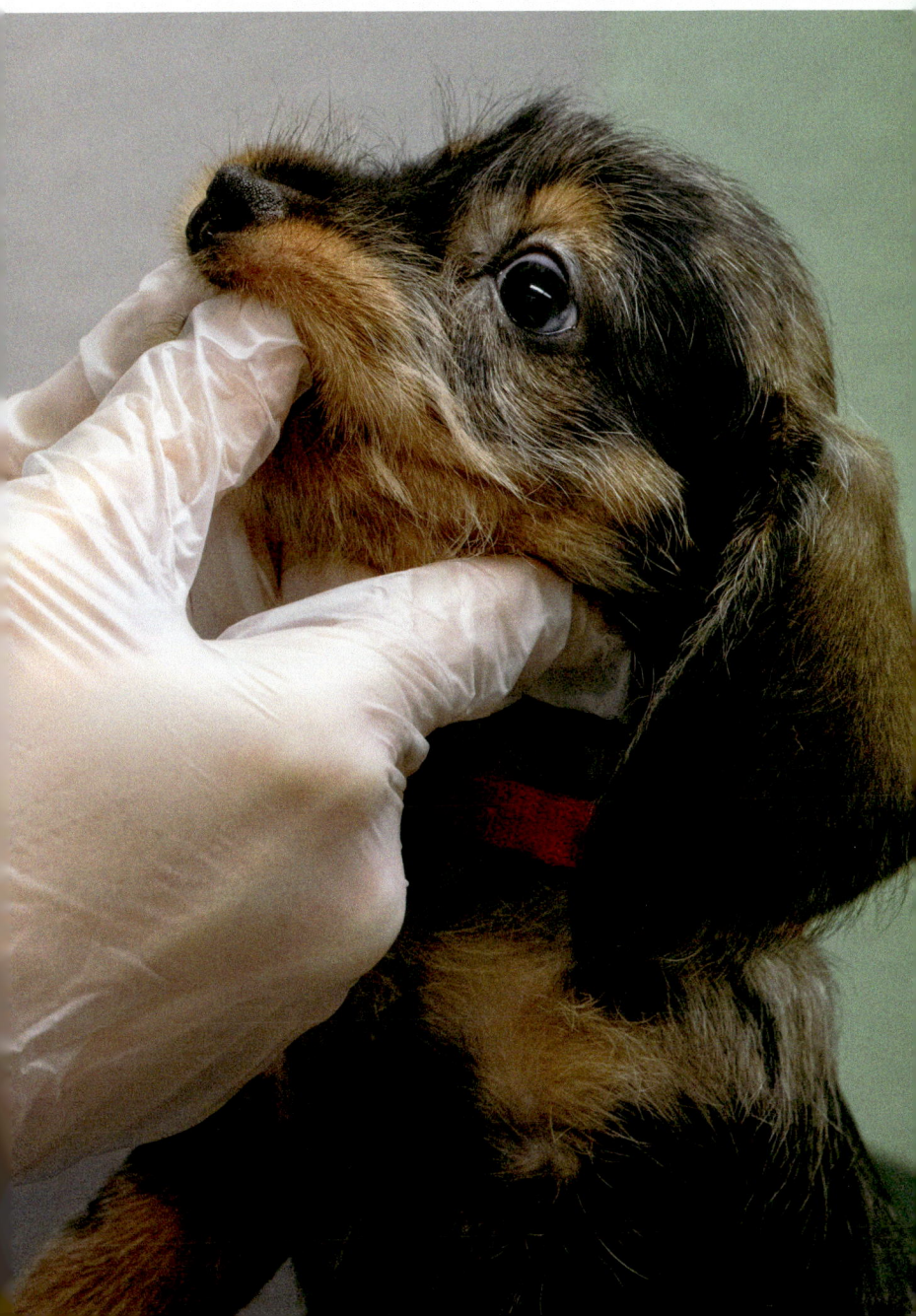

Zahnfunde

Warum finde ich die ausgefallenen Zähne nicht? Das müssten doch einige sein? Oft werden sie einfach verschluckt, bleiben beim Kauen an einem Stöckchen hängen oder purzeln heimlich auf dem Spaziergang hinaus.

108__Zecken

Blinde Passagiere im Hundefell

Kaum zeigen sich die ersten warmen Sonnenstrahlen im Frühling, die ersten Gräser fangen an zu wachsen, das Farn entrollt sich, und die ersten Frühblüher entfalten ihre Pracht, so lockt es uns und unsere Hunde hinaus, um durch den Wald und über die Wiesen zu stromern. Dabei bemerken wir gar nicht, dass wir ein paar blinde Passagiere von unserer Reise mit nach Hause nehmen. Kleine schwarz-braune, spinnenähnliche Insekten, die sich schnell ein lauschiges Plätzchen suchen, um sich festzusaugen.

Zecken können oft eine ziemliche Plage sein. Kaum ein Spaziergang vergeht, ohne dass man die eine oder andere vom Hundepelz klauben muss. Zecken gehören zu den Ektoparasiten. Sie leben für eine bestimmte Zeit auf ihrem Wirt und ernähren sich von dessen Blut. Leider können durch den Zeckenbiss lebensgefährliche Krankheiten, wie zum Beispiel die Borreliose oder FSME, die Frühsommermeningitis, übertragen werden. Deshalb ist es wichtig, sobald wir diese unliebsamen blinden Passagiere entdeckt haben, sie schnellstmöglich mit einer Zeckenzange oder Zeckenkarte rückstandslos zu entfernen. In den ersten 24 Stunden nach dem Zeckenbiss ist die Wahrscheinlichkeit einer Ansteckung mit Krankheitserregern noch sehr gering.

Sollte der Hund einige Zeit nach dem Zeckenbiss lethargisch wirken oder sich generell anders verhalten, ist es gut, einen Tierarzt um Rat zu fragen. Werden durch eine Blutuntersuchung gefährliche Krankheiten früh diagnostiziert, kann dem Hund durch Medikamentengabe geholfen werden. Gegen Borreliose können wir unsere Hunde durch eine Impfung schützen lassen. Anders als beim Menschen können sie allerdings nicht gegen die FMSE geimpft werden.

Einen Schutz vor diesen unliebsamen Parasiten und den durch sie übertragenen Krankheiten bieten allerdings auch spezielle Halsbänder, die zusätzlich gegen Flöhe schützen, Spot-on-Präparate, die in das Nackenfell geträufelt werden, oder Tabletten.

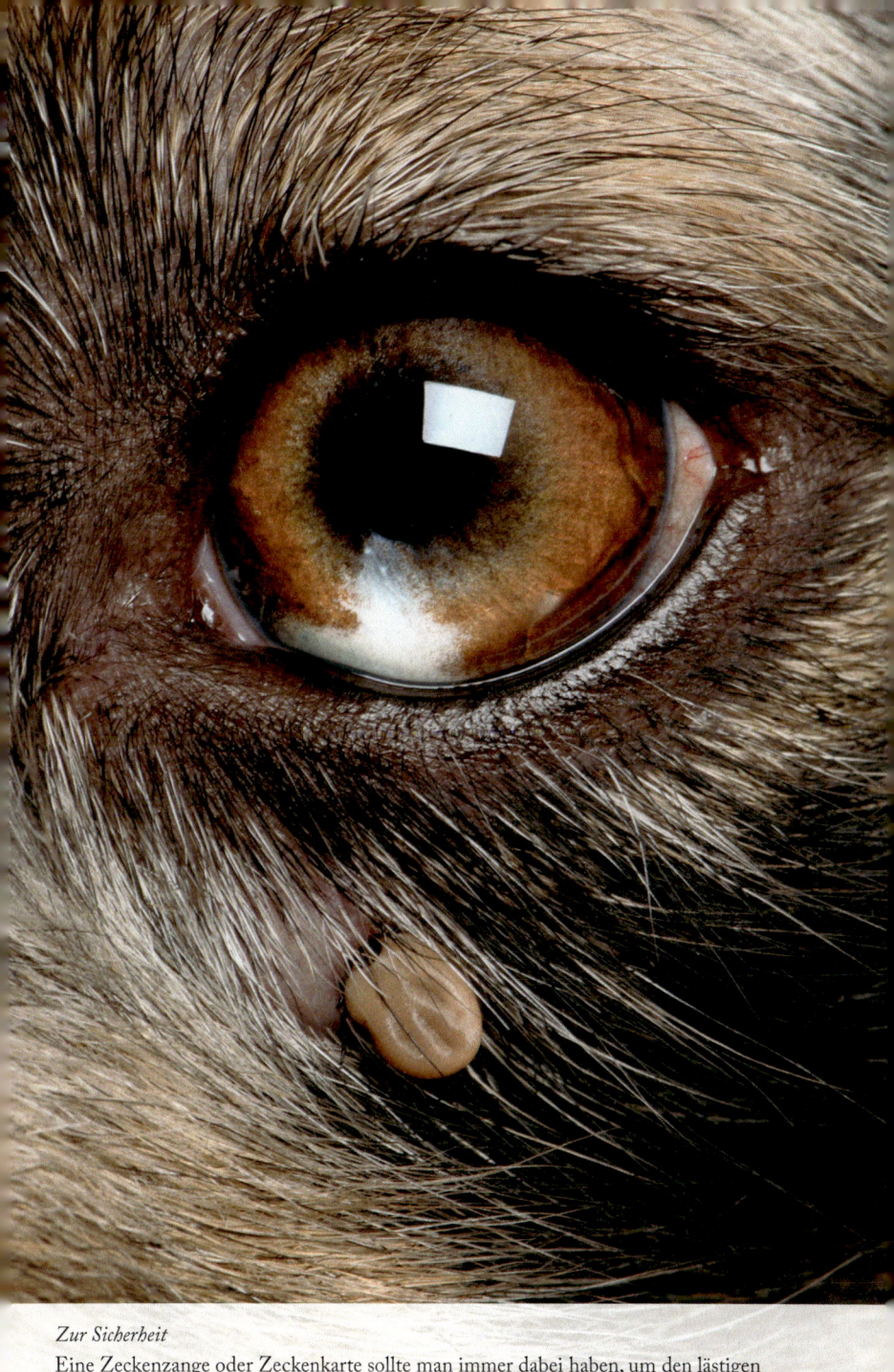

Zur Sicherheit
Eine Zeckenzange oder Zeckenkarte sollte man immer dabei haben, um den lästigen Parasiten so schnell wie möglich loszuwerden.

109___Zuchtwesen

Wenn Nachwuchs erwünscht ist

Wer sich den Traum einer eigenen Hundezucht erfüllen will, muss nicht nur vieles beachten, sondern auch für sich entscheiden, ob er dieser sehr zeitintensiven Aufgabe wirklich im Sinne des Tierwohls nachkommt. Wilde Anpaarungen, nur weil die eigene Hündin so süß und der Nachbarsrüde so hübsch sind, bringen nicht unbedingt robuste Mischlingswelpen hervor, sondern bergen eventuell hohe gesundheitliche Risiken für Mutter und Welpen. Für eine Rassezucht im Sinne der Zuchtordnung des VDH benötigen die Elterntiere eine offizielle Zuchtzulassung (Körung), damit die Welpen später Papiere bekommen. Der angehende Züchter muss einen »Zwingernamen« beantragen, und ein Zuchtwart des Vereins kontrolliert, ob die Zuchtstätte alle Voraussetzungen für eine gute Welpenaufzucht erfüllt. Die Frage nach der richtigen Anpaarung und der Eignung der eigenen Hündin nimmt dieser Ihnen jedoch nicht ab.

Wer glaubt, eine Hündin müsse zwingend einmal gebären, um glücklich zu sein, vermenschlicht das Tier, das sich allein triebgesteuert paart und nichts von den gesundheitlichen Risiken während Trächtigkeit und Geburt weiß. Wichtig ist also ein profundes Vorwissen über die jeweilige Rasse, deren Genetik und über mögliche Erbkrankheiten. Damit Rüde und Hündin möglichst äußerlich und innerlich gut zueinander passen, der Inzuchtfaktor niedrig ist und um sich über das eigene Zuchtziel in Bezug auf Optik, Wesen und spätere Verwendung klarzuwerden, ist es hilfreich, die Datenbank des jeweiligen Rassehundevereins zu konsultieren und Rassehundeschauen zu besuchen.

Für eine gezielte Bedeckung sollte man letztendlich auch den Sexualzyklus seiner Hündin gut kennen, denn die Läufigkeit tritt nur alle 6 bis 12 Monate auf und dauert jeweils circa 3 Wochen. Nach etwa 10 Tagen setzt dann die etwa 3 bis 5 Tage dauernde Standhitze ein, in der die Hündin ihren Eisprung hat und den Rüden duldet.

Trächtigkeit

Ob es geklappt hat, kann man 3 Wochen später durch eine Ultraschalluntersuchung beim Tierarzt erfahren. Die durchschnittliche Trächtigkeit einer Hündin beträgt 63 Tage.

110 Das zweite halbe Jahr

Wegen Bauarbeiten vorübergehend geschlossen

Wer bitte schön hat mir über Nacht meinen netten kleinen Welpen geklaut und mir dieses Monster ins Körbchen gelegt? Ein nicht ungewöhnlicher Gedanke, wenn – wie es scheint – von heute auf morgen ein völliger Sinneswandel im Hund vorgegangen ist.

Jekyll and Hyde oder Größenwahn trifft Mimimi. Von einem Tag auf den anderen scheint der gestern noch so zuckersüße, gelehrige und liebe Welpe ausgetauscht worden zu sein. Alles ist anders, man meint, auf zwei unterschiedlichen Planeten unterwegs zu sein, und die verbindende Brücke sei eingestürzt. Noch nicht einmal die Basiskommunikation funktioniert. Uns schallt gefühlt immer wieder »Dieser Anschluss ist vorübergehen nicht erreichbar« entgegen, und es geschehen Dinge, die sich allen Regeln der Logik widersetzen. Aber was genau passiert in der Zeit ab dem 5. Lebensmonat?

Das Hundegehirn strukturiert sich zwischen dem 5. Lebensmonat und der Vollendung des ersten Jahres neu und ist erst einmal wegen Umbaus geschlossen. Bereits gebildete Vernetzungen, die im Hundegehirn angelegt worden sind, werden noch einmal genau überprüft: Brauche ich das noch oder kann das weg? Da wird einfach noch mal öfters nachgefragt, ob das denn wirklich so ist, wie man es in den vergangenen Monaten abgesprochen hat, oder ob man das noch einmal neu verhandeln kann. Grenzen werden getestet, um seinen Platz in der Gemeinschaft zu definieren.

Es ist gut, wenn wir unserem Hund in dieser Zeit einen klaren Rahmen bieten und die ganze Sache nicht zu persönlich nehmen. Manchmal ist es einfach gut, ein wenig Nachsicht zu haben, Dinge noch einmal zu wiederholen und die Geduld nicht zu verlieren. Sie können ja keine Türen hinter sich zuknallen wie der ein oder andere Teenager in der Pubertät, also müssen sie sich für ihren Unmut und das Gefühl des »Nicht-verstanden-Werdens« etwas anderes, auf hündische Art, ausdenken.

Nachsicht haben
Auch Artgenossen gegenüber verhält der Jungspund sich, als würde er eine imaginäre
Lederjacke tragen.

111 __ Zwingerhaltung
Noch zeitgemäß?

Früher war ein Hund im Zwinger oder an einer langen Kette ein ganz normaler Anblick und galt als üblich. Der Jagdhund wurde für die Nacht in den Zwinger gebracht und sein Kollege, der Wachhund, für die Nacht aus dem Zwinger entlassen und an langer Kette gehalten. Ist das heute überhaupt noch üblich oder gar zeitgemäß, ein hoch soziales Lebewesen in einen Zwinger zu setzen oder an die Kette zu legen?

Zwinger und Anbindehaltung sind mittlerweile fest in der Tierschutz-Hundeverordnung verankert, und es gibt ganz klare, eindeutige Vorschriften hierfür. Ein Hund darf heutzutage nur noch in einem Zwinger gehalten werden, wenn dieser seiner Größe entspricht. Dabei berücksichtigt wird, ob ein oder mehrere Tiere zusammen gehalten werden oder eine Hündin mit Welpen den Zwinger bewohnt. Aber nicht nur die Grundfläche wird berücksichtigt, auch eine ausreichende Höhe des Zwingers wird gefordert. Zudem sollte er aus gesundheitsunschädlichem Material gebaut sein, das kein Verletzungsrisiko birgt, der Boden ist gut sauber und trocken zu halten. Wichtig ist auch die Möglichkeit der Sicht nach außen an mindestens einer Seite.

Einen Hund ausschließlich in einem Zwinger zu halten, ist für ein soziales Wesen definitiv nicht artgerecht. Es fehlen die Nähe und der Austausch mit den Sozialpartnern. Einen Zwinger als Ergänzung zur Haltung im Haus, um einen Rückzug zu ermöglichen, kann allerdings manchmal sinnvoll sein.

Einen Hund angebunden zu halten, ist, anders als bei Kühen zum Beispiel, nicht erlaubt. Ausnahmen macht die Tierschutz-Hundeverordnung hierbei jedoch bei der Begleitung einer Betreuungsperson während einer Tätigkeit, zu der der Hund ausgebildet wurde. Dabei ist darauf zu achten, dass das Anbindematerial ein geringes Eigengewicht hat, der Hund sich daran nicht verletzen kann und ein entsprechendes Geschirr oder eine geeignete Halsung verwendet wird.

Klare Definitionen
Ein Hund mit einer Widerristhöhe von bis zu 50 cm muss mindestens eine Bodenfläche von 6 qm zur Verfügung gestellt bekommen. Bis 65 cm sind es 8 qm und ab 65 cm Widerristhöhe 10 qm Fläche.

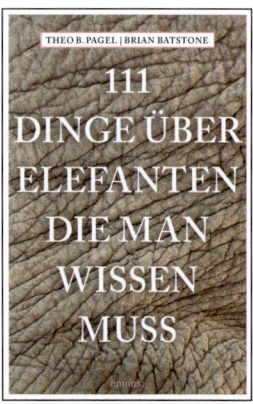

Theo Pagel, Brian Batstone
**111 Dinge über Elefanten,
die man wissen muss**
ISBN 978-3-7408-0349-0

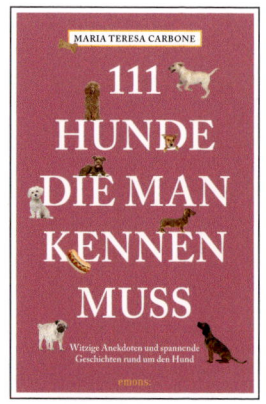

Maria Teresa Carbone
**111 Hunde, die man
kennen muss**
ISBN 978-3-7408-0477-0

Elke Pistor
**111 Katzen, die man
kennen muss**
ISBN 978-3-95451-830-2

Annett Klingner,
Pascal Klunder, Katja Erdmann
**111 Dinge über Katzen,
die man wissen muss**
ISBN 978-3-7408-1204-1

Monika Mansour
**111 Pferde, die man
kennen muss**
ISBN 978-3-7408-0444-2

Holger Grumt Suárez,
Rolando Grumt Suárez
**111 Insekten, die täglich
unsere Welt retten**
ISBN 978-3-7408-0628-6

Rudolf Jagusch,
Susanne Jagusch
**111 Dinge über Schweine,
die man wissen muss**
ISBN 978-3-7408-0990-4

Walter M. Weiss,
Ulrich Wernery
**111 Dinge über Kamele,
die man wissen muss**
ISBN 978-3-7408-1206-5

Theo B. Pagel, Christoph Schütt
**111 Geschichten aus
dem Kölner Zoo, die
man kennen muss**
ISBN 978-3-7408-0853-2

Holger Grumt Suárez,
Rolando Grumt Suárez
**111 Dinge über Affen,
die man wissen muss**
ISBN 978-3-7408-1214-0

Marisa Becker, Peter Becker
**111 ungenutzte Pflanzen, die
man gegessen haben muss**
ISBN 978-3-7408-1200-3

Gisela Hopfmüller,
Franz Hlavac
**111 Ideen für einen
besonderen Garten**
ISBN 978-3-7408-1382-6

Anjana Gill
**111 Impulse für ein
glückliches Leben**
ISBN 978-3-7408-1747-3

Tatiana Morlock
**111 Alltagsabenteuer,
die glücklich machen**
240 Seiten
ISBN 978-3-7408-1383-3

Martin Nusch
**111 Mal mit WDR 2
raus in den Westen**
ISBN 978-3-7408-1191-4

Martin Nusch
**111 Mal mit WDR 2
raus in den Westen, Band 2**
ISBN 978-3-7408-1465-6

Pierre Thomas
**111 Schweizer Weine, die
man getrunken haben muss**
ISBN 978-3-7408-1301-7

Carsten Sebastian Henn
**111 Weine aus aller Welt, die
man getrunken haben muss**
ISBN 978-3-7408-0859-4

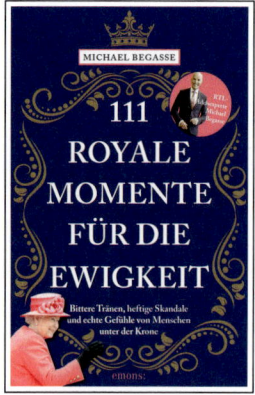

Michael Begasse
**111 royale Momente
für die Ewigkeit**
ISBN 978-3-7408-1223-2

Petra Wochnik
**111 Dinge über das
Wattenmeer, die man
wissen muss**
ISBN 978-3-7408-1081-8

Andreas Malessa
**111 Bibeltexte, die
man kennen muss**
ISBN 978-3-7408-1101-3

Carsten Sebastian Henn,
Torsten Goffin
111 Mal lecker essen in Köln
ISBN 978-3-7408-1181-5

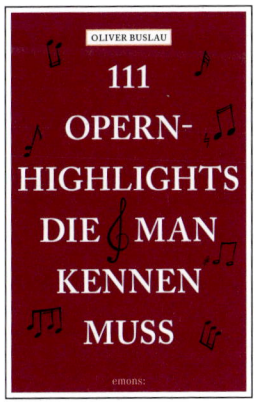

Oliver Buslau
**111 Opernhighlights,
die man kennen muss**
ISBN 978-3-7408-0985-0

Lucia Jay von Seldeneck
**111 Bauwerke in Berlin,
die man kennen muss**
ISBN 978-3-7408-0995-9

Literaturliste:

Gansloßer, Udo und Krivy, Petra: Ein guter Start ins Hundeleben, Stuttgart 2014

Coren, Stanley: Die Intelligenz der Hunde, Reinbek 1995

Strodtbeck, Sophie: Hilfe, mein Hund ist in der Pubertät, GU 2013

Danksagung

Nicole: Danke zunächst einmal an Franziska Weyer, dass du mich bei diesem Projekt mit ins Boot geholt hast, und an den Emons Verlag für die Möglichkeit, ein wenig meiner Erfahrungen in dieses Buch hineinfließen zu lassen. Danke an meine Lieblingsfotografin Inga Haase für deine Bilder und deinen fachlichen Rat auch zu nachtschlafender Zeit.

Ein ganz ganz tiefes, warmes und herzliches Dankeschön an all die wunderbaren Menschen mit ihren tollen Hunden, die sich für dieses Buch vor die Kamera gestellt und mir ihre Zeit geschenkt haben.

Von Herzen danke ich meinen beiden Herren hier zu Hause fürs Frieda-Hüten, Gedanken-hin-und-her-Schubsen und die Mengen an Kaffee, die mir hier an den Schreibtisch gebracht worden sind.

Und Mama, danke für deinen Support auf all meinen Abenteuern!

Franziska: Zunächst möchte ich allen Hundebesitzern*innen danken, deren Hunde oder deren Arbeit mit Hunden ich fotografieren durfte, um ein möglichst buntes Potpourri an Hundepersönlichkeiten und Aspekte des Zusammenlebens mit Hunden zeigen zu können.

Thomas Nico Meuter danke ich für seine großartigen Hunde-Action-Fotos, Susanne Göhre für das Bild vom Basset mit Krönchen und Ursula Heinelt für den Hund im Schnee.

Nicole Lützenkirchen danke ich für die gemeinsame Arbeit an diesem Buch, meiner Mutter für das stets gewissenhafte Korrekturlesen, meiner Tierärztin Myriam Miesen und Katrin Ewert von der Zuchtstätte vom Bergischen Geläut für fachlichen Rat und dem wunderbaren 111er Team vom Emons Verlag und insbesondere Sonja Erdmann und Ines Schmidtke gebührt ein Riesendankeschön für das Vertrauen und die Betreuung dieses Projekts. Dem weltbesten Ehemann kann ich wieder gar nicht genug danken für seine Unterstützung beim Making-of meiner Texte und Fotos und vor allem für seine Geduld, Ermunterung und dafür, immer hinter mir zu stehen.

Nicole Lützenkirchen ist Hundetrainerin. Sie begleitet Menschen mit jagdlich motivierten Hunden und Hundetrainer, die gerne einmal ganz tief in die Natur der Hunde eintauchen möchten.

Franziska Weyer ist Buchhändlerin, Literaturübersetzerin, Hobbyfotografin und Pferdezüchterin. Hunde verschiedener Rassen begleiten sie durch dick und dünn.